dear fabric

임은애 지음

프로세스를 이해하며 만드는
패브릭 굿즈 제작 가이드

지콜론북

일러두기

본 도서는 국립국어원 표기 규정 및 외래어 표기 규정을 준수하였습니다.

다만 현장에서 사용하는 용어와 입말로 굳어진 경우는 실제 사용되는 용어로 표기하였습니다.

제작 방법은 업체마다 상이할 수 있으니 제작 전 업체와 충분히 상담한 후 진행합니다.

차례

프롤로그

처음 출판사에서 연락을 받던 날, 자수공장에서 샘플을 만들고 있었습니다. "내가 책을 쓴다고…? 나보다 더 오랜 경험을 가진 전문가분들이 얼마나 많은지 아는데, 내가 책을 쓰는 게 맞는 걸까?" 하는 걱정이 되었죠. 그래도 용기를 내서 이 책을 쓰게 된 건 패브릭 굿즈를 처음 제작하는 분들이 겪을 어려움에 공감하기 때문입니다.

"제가 패브릭 굿즈 제작은 처음이라 아무것도 모르는데, 무엇을 준비해야 할까요?"라는 질문을 들을 때가 있어요. 저도 처음 시작했을 때 궁금한 게 정말 많았어요. 원단은 어디서 찾고, 어떻게 사는 것인지부터 검색을 했던 기억이 납니다. 원단 시장에서 스와치를 못 얻어와서 속상했던 기억도 있어요. 어디서부터 무엇을 준비해야 하는지 속 시원하게 물어볼 곳이 없었죠. 저 역시 발품을 팔며 공장 사장님들께 여쭈어보고, 제작 수업을 찾아다니고, 제품을 만들며 여러 시행착오를 겪으면서 하나씩 배우기 시작했습니다. 누구에게나 처음은 있잖아요. 나만의 브랜드를 만들고 싶은 꿈이 있는 사람에게도, 특별한 굿즈를 만들고 싶은 사람에게도요. 제작 현장에 있는 사람으로서 조금 먼저 알게 된 정보를 나누는 마음으로 이 책을 썼습니다. 제작자가 이왕이면 조금 더 쓸모 있는 제품을 만들길 바라는 마음에서요. 또한 굿즈 제작자가 봉제공장을 조금 더 이해하고 접근할 수 있다면, 공장에도 도움이 되지 않을까 하는 마음이 듭니다. 환편 니트가 바른 표현이지만 공장에서는 다이마루라고부릅니다. 날염이 맞는 표현이지만, 현장에서는 나염이라고 부르죠. 봉제공장과 제작자의 원활한 소통을 돕기 위한 책이기에, 책에는 현장의 소리를 그대로 담았습니다.

항상 아낌없는 지원을 해주시는 어머니, 아버지, 티집 식구들, 함께 책을 만드느라 고생하신 김아영 편집자님과 정명희 디자이너님, 검수를 도와주신 최상진 한국봉제산업협회 회장님, 많은 가르침을 주시는 공장 사장님들, 인터뷰에 도움을 주신 대표님들까지 이 책을 위해 도움을 주신 모든 분께 감사의 말씀을 전합니다.

용어 정리

봉제 산업은 일본을 거쳐 국내에 도입되었기에 현재까지도 실무 용어는 영어나 일본어로 된 외래어가 많이 남아 있어요.

경사(날실 방향, 식서 방향)

원단의 길이를 나타내는 용어로 직물을 당겼을 때 잘 늘어나지 않는 방향을 말합니다. 원단이 감겨 있는 방향에 평행으로 배열된 세로 방향을 '날실 방향' 또는 '식서 방향'이라고 합니다. 식서 방향을 지켜서 재단하지 않으면 옷이 뒤틀리거나 세탁 후에 변형이 올 수 있으니 재단 시에 방향을 주의 깊게 살펴봐야 합니다.

그레이딩

같은 디자인에서 다른 사이즈를 추가하기 위해서 패턴의 크기를 조절하는 작업입니다. 편차를 지정하여 사이즈를 다르게 만들 수 있어요.

나나이치(나나인찌)

블라우스나 셔츠에 일자형으로 뚫은 단춧구멍입니다.

나염(날염)

원단에 염료 또는 안료를 사용하여 모양을 찍어내는 인쇄 방법입니다.

다이마루

'환편 니트'로 부르며 둥근 원통형 편직 기계로 직조하는 소재입니다. 대부분의 티셔츠 소재가 다이마루입니다.

랍빠

천이나 원단 등을 재봉할 때 잘 말려 들어가게 하는 보조 도구로 시접을 마감하거나 테이핑 작업이 필요할 때 사용합니다.

립	옷을 만들 때 목, 소매, 밑단에 사용하는 신축성 있는 편성물로 '시보리'라고도 부릅니다.
바이어스	바이어스는 '비스듬한' 의미로, 원단을 대각선 방향으로 잘라서 시접 처리나 랍빠 작업을 하기 위해 만든 것을 말합니다. 식서 방향을 기준으로 45도로 비스듬히 재단한 것이죠. 바이어스를 자르는 이유는 신축성 때문이에요. 대각선으로 자른 원단은 신축성이 뛰어나고, 올이 안 풀리고, 곡선처리도 부드럽게 할 수 있는 장점이 있습니다.
스와치	원단의 견본을 모아둔 샘플 북으로 소재, 폭, 단가, 혼용률 등 원단에 대한 정보와 원단 가게의 이름, 전화번호 등의 주문처 정보가 쓰여 있어요. 스와치는 원단 가게에서 받을 수 있습니다.
시아게	생산의 마무리 과정으로 다림질 작업을 뜻합니다.
식서	올이 풀리지 않도록 짠 천의 가장자리로 원단이 풀리는 세로 방향입니다.
싱글 저지	평직을 이르는 말로 일반적으로 한 가지의 원사를 사용하고 면, T/C, 폴리를 사용하기도 합니다. 티셔츠 제작에 많이 사용하는 소재이며 원단의 겉면과 뒷면의 조직 모양이 다르게 생긴 것이 특징입니다.
야드	원단의 길이를 나타내는 단위로, 야드와 마는 같은 표현입니다. 1야드(yd) = 1마 = 91.44cm

오모테(오무데)

외관상 보이는 겉쪽이나 겉감을 말합니다. 디자인에 따라서 오모테를 따로 지정해야 할 때도 있어요. 원단의 겉면을 찾는 쉬운 방법은 원단의 끝부분을 '셀베이지'라고 하는데, 셀베이지 조직에 바늘구멍이 뾰족하게 나와 있는 쪽이 겉쪽입니다. 재단이 되어 있는 상태에서는 색이나 무늬가 선명한 쪽, 더 부드러운 쪽, 광택이 많이 나는 쪽이 표면일 가능성이 큽니다. 트윌처럼 무늬가 비스듬히 사선으로 짜여 있는 경우는 사선이 선명한 쪽이 겉면이에요.

요척

옷이나 가방 등 완성작 하나를 만들기 위해 필요한 원단의 양을 말합니다. 요척은 원단의 폭과 디자인에 따라서 달라지며 샘플 작업 후 공장에 문의하여 확인할 수 있어요.

위사(폭, 씨실 방향, 요코)

원단의 가로 길이에 따라 폭이 정해지는데, 소폭, 대폭, 광폭 등 제직 방법에 따라 다양한 폭의 원단이 만들어집니다.

전사인쇄

전사지에 인쇄한 그림을 원단의 표면에 전사하는 인쇄 방법입니다.

절

원단의 묶음 단위로, 원단이 롤로 말려 있는 것을 절이라고 부릅니다. 대부분 1절은 35~50야드 정도 감겨 있는데, 제직 방법에 따라서 100야드가 감겨 있는 것도 있고, 같은 원단도 재고 상황에 따라 각 롤마다 다른 양으로 감겨 있기도 합니다.

큐큐

재킷, 정장, 청바지 등에 많이 사용하는 단춧구멍입니다. 한쪽 끝은 둥글고 다른 한쪽은 일자형으로 되어 있습니다.

탕

원단의 색상 톤을 이야기할 때 '탕'이라는 단어를 사용합니다. 원단을 염색할 때, 한 번에 작업 되는 양이 있는데 작업장의 환경 조건에 따라서 같은 색으로 염색해도 미묘하게 톤의 차이가 나는 경우가 많아요. 그래서 한 번에 염색된 원단은 같은 번호를 부여하는데 이를 'LOT' 번호라고 부릅니다.

트윌

천의 표면에 사선으로 된 능직 선이 보이는 원단입니다.

패턴(마카, 가다)

재단을 만들기 위한 본으로, 설계 도면이라고 생각하면 쉬워요. 현장에서는 '마카'나 '가다'라고도 부릅니다.

혼방률

소재에서 각 섬유가 차지하고 있는 성분을 백분율로 나타낸 것으로 '면 100%', '나일론 60%, 폴리에스터 40%'와 같이 표기합니다.

DTP

디지털 텍스타일 프린팅Digital Textile Printing을 줄인 단어로 원단 위에 바로 디지털 프린트를 하는 인쇄 방법입니다.

자주 사용하는 봉제법

옷감을 연결하거나 테두리를 마감하는 봉제 방법을 알아두면 공장과 소통할 때 용이합니다. 원단 색에 맞춰 실 컬러를 사용하는 방식이 일반적이지만, 포인트를 주기 위해 다른 색의 실을 사용하기도 합니다.

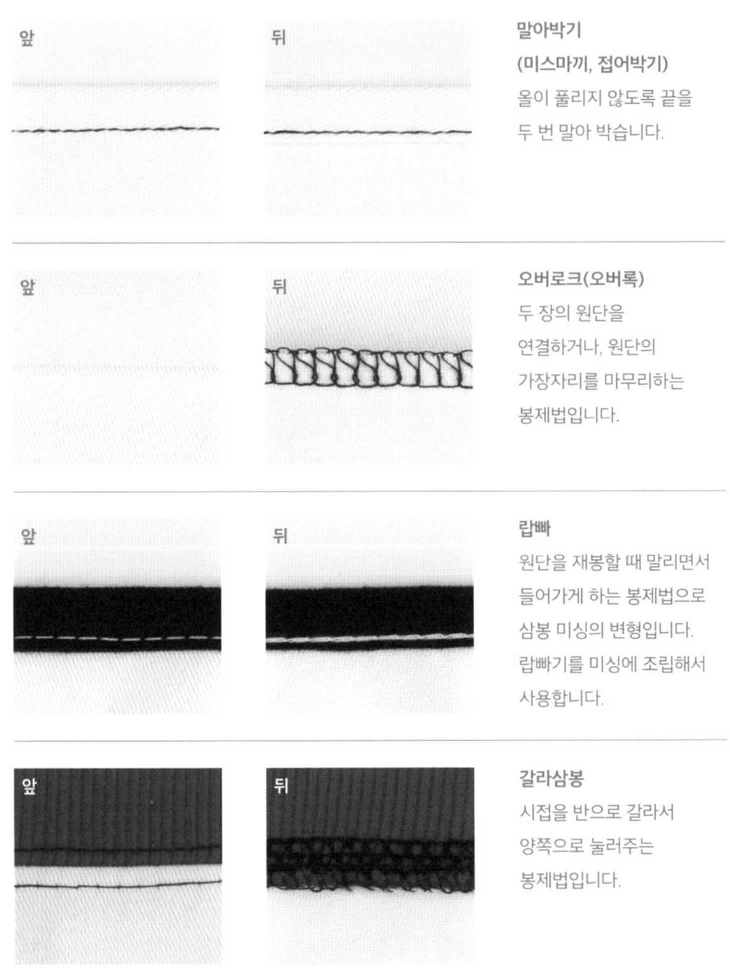

말아박기
(미스마끼, 접어박기)
올이 풀리지 않도록 끝을 두 번 말아 박습니다.

오버로크(오버록)
두 장의 원단을 연결하거나, 원단의 가장자리를 마무리하는 봉제법입니다.

랍빠
원단을 재봉할 때 말리면서 들어가게 하는 봉제법으로 삼봉 미싱의 변형입니다. 랍빠기를 미싱에 조립해서 사용합니다.

갈라삼봉
시접을 반으로 갈라서 양쪽으로 눌러주는 봉제법입니다.

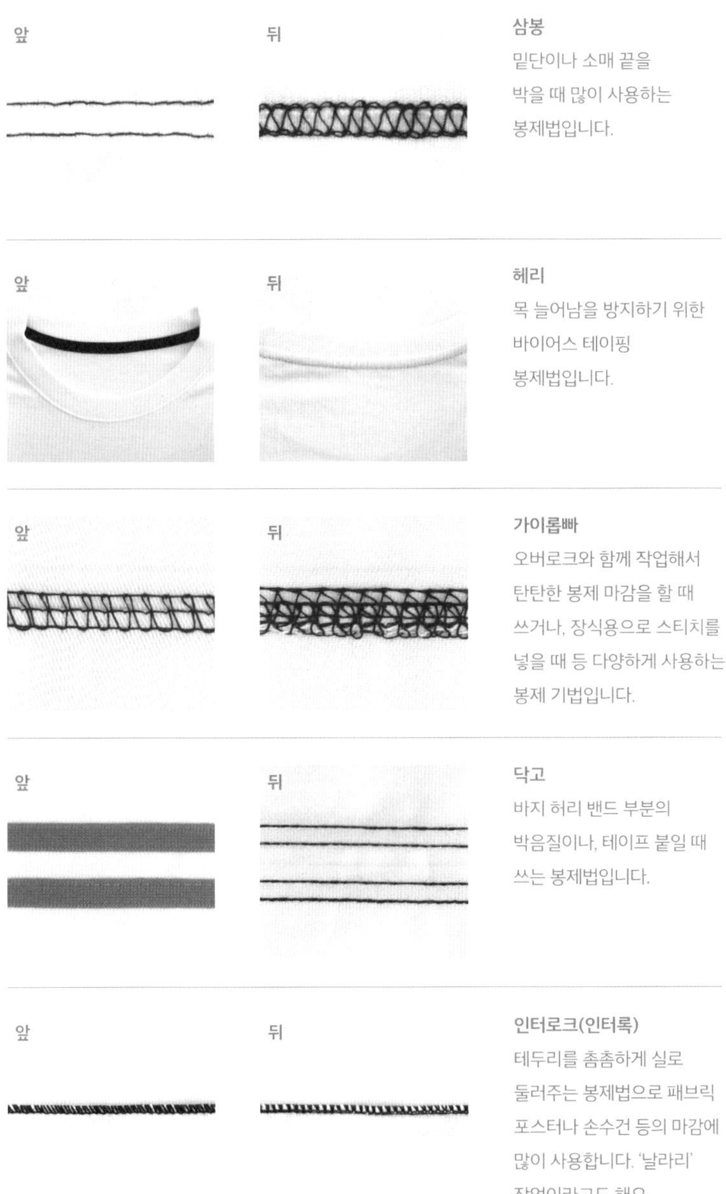

삼봉
밑단이나 소매 끝을 박을 때 많이 사용하는 봉제법입니다.

헤리
목 늘어남을 방지하기 위한 바이어스 테이핑 봉제법입니다.

가이롭빠
오버로크와 함께 작업해서 탄탄한 봉제 마감을 할 때 쓰거나, 장식용으로 스티치를 넣을 때 등 다양하게 사용하는 봉제 기법입니다.

닥고
바지 허리 밴드 부분의 박음질이나, 테이프 붙일 때 쓰는 봉제법입니다.

인터로크(인터록)
테두리를 촘촘하게 실로 둘러주는 봉제법으로 패브릭 포스터나 손수건 등의 마감에 많이 사용합니다. '날라리' 작업이라고도 해요.

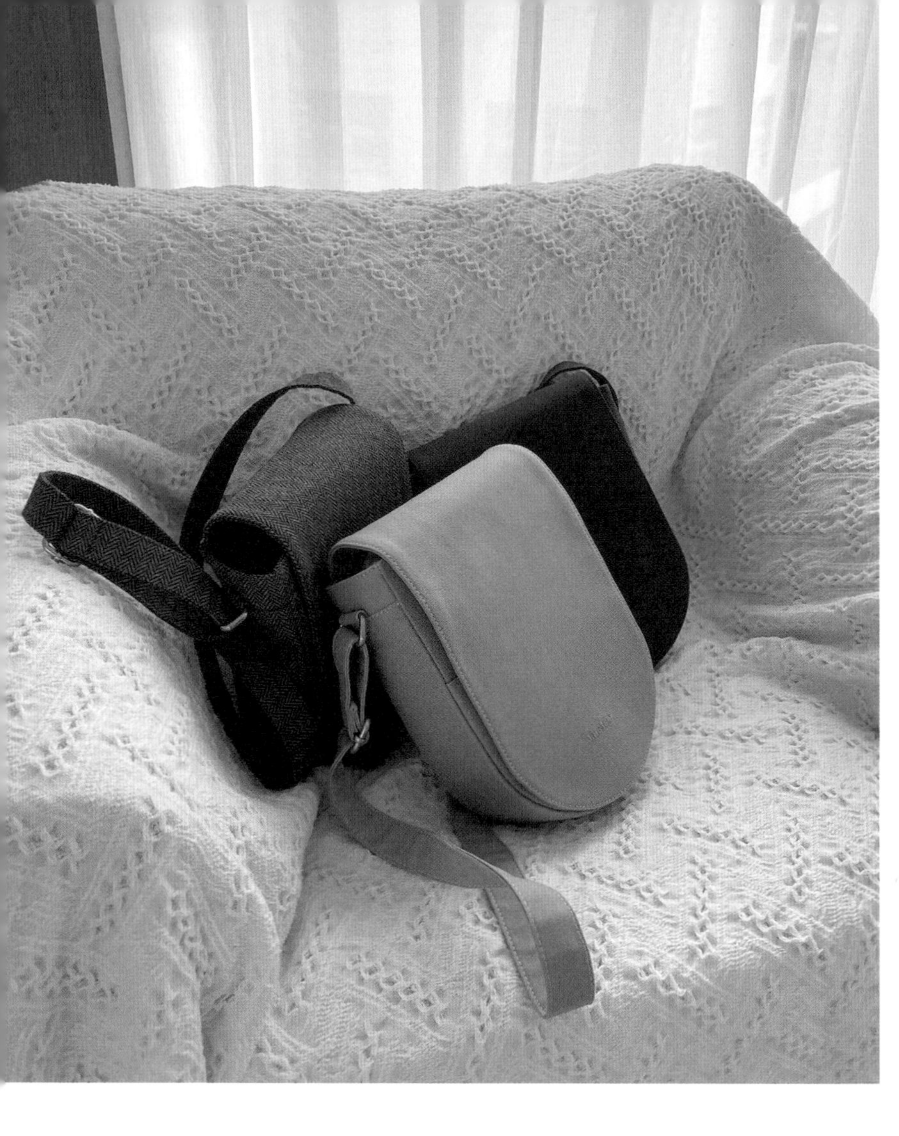

The Lonely Ones
YOU ARE WHAT YOU CHOOSE

Youchoo
Youchoo
Youchoo
Youchoo
Youchoo
Youchoo
Youchoo

l'hiver
l'hiver

Kellogg's
FROSTED
"GR-R-REAT!"
Kellogg's
NEW!
KRISPIES

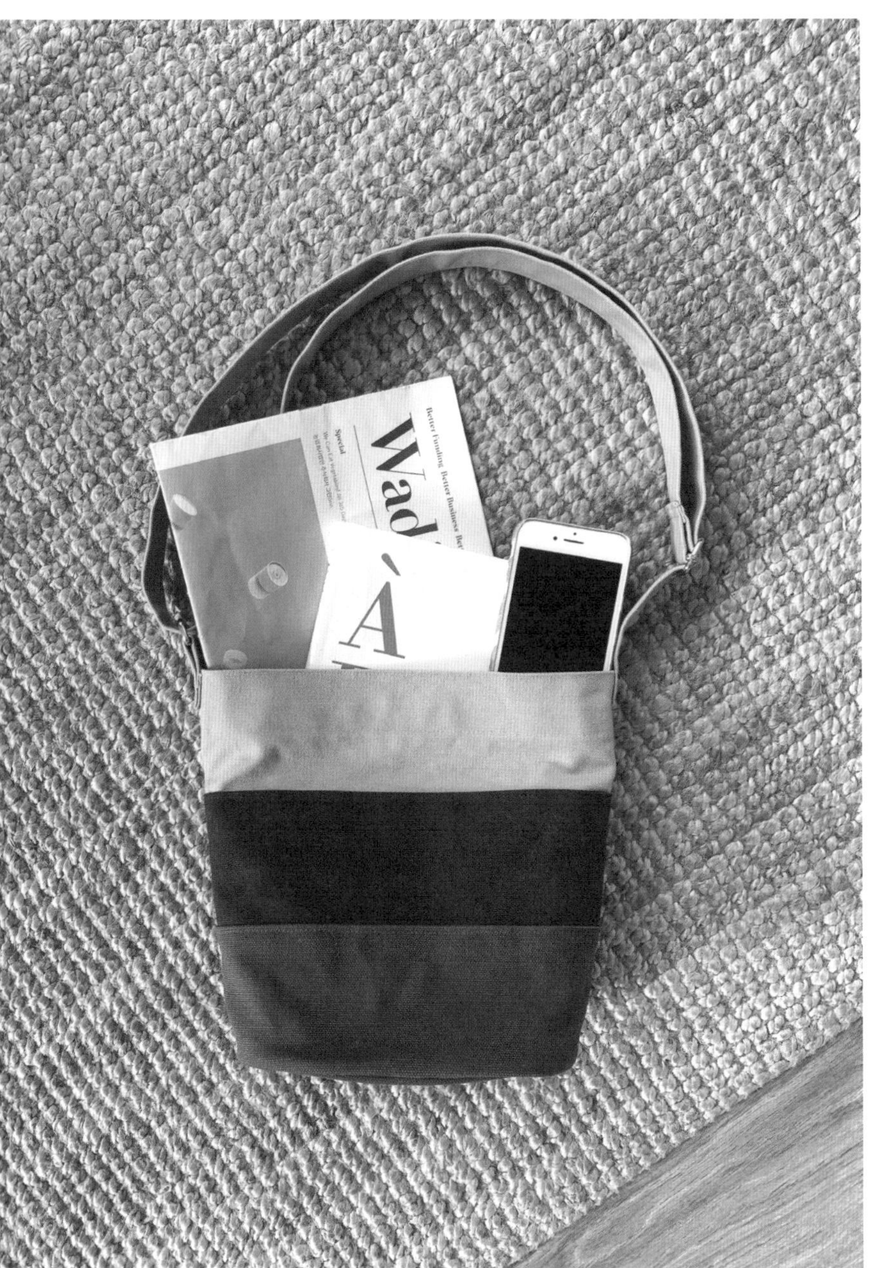
Better Funding Better Business
Special

01

제작 기본

MACHINE WASH
80% COTTON
20% POLYESTER

√

제작 프로세스

제품 기획

어떤 상품을 만들더라도 가장 중요한 단계는 기획입니다. 기획이 탄탄해야 많은 선택지에서 흔들리지 않고 원하는 제품을 완성도 있게 만들 수 있습니다.

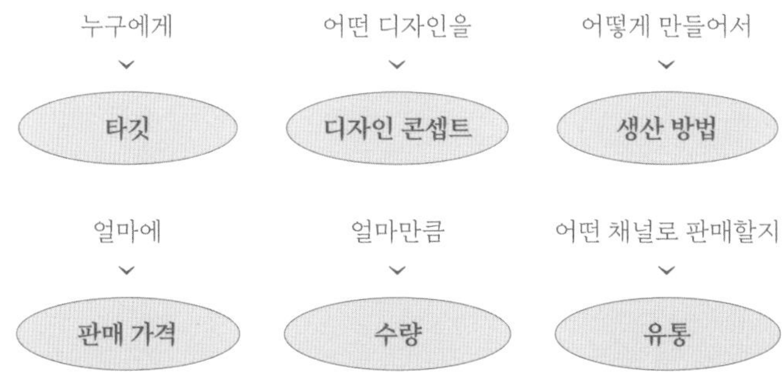

타깃

패브릭 굿즈를 제작할 때 어떤 목적으로 제품을 만드는 지 생각해 봅니다. 판매를 위해, 회사 브랜드를 알리기 위해, 답례품 제작을 위해 등 다양한 목적이 나오면, 어떤 이들을 대상으로 할지가 구체화됩니다. 작은 편집숍에 천 가방을 납품하여 판매하고 싶다면 편집숍의 주 이용 고객인 20대 여성을 타깃으로 하고, IT 회사의 직원 사은품을 제작한다면 30대 남성을 주 타깃으로 한 제품군을 생각합니다. '누가, 언제, 어디서, 무엇을, 어떻게, 왜'라는 육하원칙에 따라 타깃을 구체화하고 나면 다양한 아이디어가 나오게 됩니다.

디자인 콘셉트

타깃을 세우고 나면 어떤 디자인을 만들지 결정해야 합니다. 이때 자료 조사를 하고 아이디어나 콘셉트를 정리하는 과정이 필요합니다. 보여주고 싶은 분위기의 사진이나 자료를 찾기도 하고, 전체적인 실루엣이나 소재와 느낌, 색감 등을 떠올려보며 제품의 콘셉트와 디자인 요소를 기록합니다.

생산 방법

디자인이 정해지면 봉제공장과 협력 업체를 선정해야 하는데 최소 두 군데 정도를 비교해 견적, 일정, 공장의 노하우 등을 비교하여 생산 단가와 수량을 협의해야 합니다. 생산 부분에서 중요하게 고려해야 할 점은 제품의 생산 시기인데요. 제품 판매 일정을 먼저 정한 다음 판매 일정에서 역산해 생산 시기를 결정하면 효율적으로 일정을 관리할 수 있습니다.

판매 가격

기획 단계에서 가격을 설정해야 하는 이유는 판매 가격에 따라서 원자재의 가격을 정할 수 있기 때문입니다. 3만원 짜리 제품에 2만원이 드는 소재를 사용할 수 없으니까요. 처음 제품을 만들면 욕심이 생겨 가장 좋은 원단을 사용해 완성도를 높이고 싶어집니다. 예산 가이드 없이 제작을 하다보면 생산 단가가 너무 높게 나오기 마련입니다. 그렇게 되면 판매 가격도 높아지게 되어 제작을 포기하게 되는 경우도 생깁니다. 제품 하나를 만들어서 판매하기까지 제작비, 포장비, 물류비, 광고비, 세금 등 생각보다 많은 부분에서 비용이 발생합니다. 그 중 가장 큰 비용을 차지하는 부분이 제작비 즉 생산 원가입니다. 패브릭 굿즈의 생산 원가는 크게 네 가지로 구분됩니다.

생산 원가 = ❶원단 + ❷부자재 + ❸봉제료(임가공료 = 인건비) + ❹아트워크(나염, 자수)

원단 비용은 요척과 야드당 원단의 가격을 알아야 계산할 수 있어요. 요척은 옷 하나를 만들기 위해 필요한 원단의 양을 수치로 계산한 것을 말합니다. 디자인이 확정되어야 요척을 낼 수 있어요. 야드당 6,000원 원단을 사용했을 때, 요척이 1.1야드라고 한다면 티셔츠 하나를 만드는 원단 비용은 6,600원입니다. 요척은 샘플 작업 후에 공장에 문의하면 확인할 수 있으니 너무 어려워하지 않아도 됩니다. 공장에서 알려주는 양만큼 원단 가게에 원단을 발주해서 공장으로 보냅니다. 부자재 비용은 제품에 따라 필요한 재료를 정하고 라벨, 태그, 포장지, 모자 끈, 테이프 등 제품 하나에 들어가는 비용의 원가를 산출합니다.

수량

수량은 판매자의 상황에 따라 결정됩니다. 초기 생산 비용이 많더라도 적게 생산하여 빠르게 판매하는 방식으로 재고 회전율을 높이거나, 제작 수량을 늘려 원가를 절감하는 방법이 있습니다. 생산 수량이 많을수록 생산 원가를 낮출 수 있지만 그만큼 재고 부담이 늘어납니다.

유통

유통 채널에 따라 수수료 비율이 다르고 소비자의 메인 타깃이 정해져 있으니 상품 콘셉트에 맞는 채널을 비교해야 합니다.

원단 및 부자재 구매

어떤 제품을 만들지 정했다면 디자인에 어울리는 소재를 선택합니다. 굿즈를 만들거나 자체 브랜드를 만들 계획이라면 한 번쯤 원단 종합시장에 가보는 것을 추천해요. 조금만 둘러보아도 원단마다 두께, 촉감, 색감이 다르다는 것을 알 수 있어요. 혼방률이 같아도 후가공이 더해지거나 원단을 짜는 방법인 제직 방법이 다를 수 있어서 '10수 싱글'처럼 원단의 이름이 같아도 가게마다 가격 차이가 날 수 있습니다. 그러니 두께, 촉감, 비용 등 원하는 소재에 대한 내용을 구체적으로 정하는 것이 좋습니다. 평소 자신이 좋아하는 제품의 질감을 찾아보고 세탁 라벨인 케어 라벨에 어떻게 적혀 있는지 살펴보세요. 케어 라벨 사진을 미리 찍어와 원단 가게에 있는 스와치와 비교합니다. 원단의 샘플 북인 스와치에는 원단의 성분이 표기되어 있어 원단을 고를 때 도움이 될 거예요. 원하는 소재를 직접 들고 다니면서 원단 가게 사장님에게 조언을 구해도 좋습니다.

의류 원단은 '동대문종합시장'

동대문종합시장은 의류 원단, 커튼, 액세서리, 부자재까지 다양한 소재를 한 번에 찾을 수 있는 곳입니다. A동, B동, C동, D동, N동으로 나누어져 있고 각 층, 구역마다 다양한 원단 가게가 모여 있습니다. 티셔츠 원단을 보러 간다면 C, D동 2층 방문이 효율적이고, 레이스를 찾는다면 B동 2층에 가면 더 쉽게 찾을 수 있습니다. 의류 부자재를 찾는다면 1층을, 액세서리 부자재를 찾는다면 5층을 둘러보세요. 매주 일요일은 휴무이며 품목별 매장 영업시간이 다르니, 가기 전에 확인하고 방문하길 바랍니다.

동대문종합시장 층별 가이드

	A동	B동	C동	D동	N동
5층	액세서리 부자재				
4층	각종 직물				
3층	트윌, 면직물	기능성, 화섬직, 안감	직기(셔츠 원단)		모직, 수입 원단
2층	한복, 커튼, 원단	레이스	다이마루(티셔츠 원단)		화섬직, 실크, 기능성
1층	침구, 수예, 그릇, 커튼, 카페트, 타월	의류 부자재, 침구, 인조피혁	의류 부자재		
지하	실, 의류 부자재, 커튼, 수예, 침구				

~~~ 의류 부자재를 찾을 때는 '동화상가'

동대문종합시장에서 나와 전태일다리를 건너면 동화상가, 평화시장, 통일상가가 보입니다. 동대문종합시장에도 부자재를 판매하는 가게가 많지만 동화상가는 특정 부자재를 전문으로 취급하는 가게들이 모여 있어 초보자분들이 원하는 품목을 더 쉽게 찾을 수 있을 거예요. 지퍼, 라벨, 웨빙, 버튼, 고리 등 조금만 돌아다녀도 원하는 가게를 금방 찾을 수 있습니다.

부자재를 구입할 때는 원단을 조금 잘라와서 컬러를 맞춰보고 사는 게 좋아요. 원단과 부자재를 동시에 둘러보아야 한다면 동대문종합시장에서 스와치를 챙겨온 뒤 동화상가에서 부자재를 찾아보는 게 합리적인 동선입니다. 후드 집업에 들어가는 모자 끈을 고른다고 한다면 두께를 얼마로 할지, 끈 길이는 몇 센티로 할 것인지, 어떻게 마감할 것인지 등을 생각합니다. 원하는 부자재의 색상이 없으면 가격은 비싸지지만 염색을 맡길 수도 있어요. 부자재 주문 제작은 최소 제작 수량이 있으니 업체와 꼼꼼하게 상담합니다.

~~~ 가방 원단과 부자재를 찾을 때는 '신설동 원단시장'

동대문에도 가방 원단을 파는 가게들이 많지만, 신설동 원단시장을 추천하는 이유는 가방에 특화되어 있기 때문입니다. 천 가방을 제작하고 싶다면 신설동 원단시장에서 원하는 부자재를 좀 더 빠르고 쉽게 찾을 수 있습니다.

~~~ 롤로 감긴 원단을 구매할 때

"저기 있는 노란색 원단 2야드만 잘라주세요"처럼 필요한 길이를 이야기하면 가게 사장님이 바로 잘라줍니다. 현장 결제는 현금으로 계산하거나 계좌이체를 하는 경우도 많고 세금계산서는 별도로 요청하면 발급이 가능합니다. 원단을 대량으로 구매하여 공장으로 공급할 때는 원단 사양, 납품 일시, 수량 등을 원단 가게에 전달합니다.

~~~ 스와치만 있는 매장에서 원단을 구매할 때

매장에 샘플 원단은 없고 스와치만 있는 곳이 있습니다. 주문 후 창고에서 원단을 가져오기 때문인데요. 원단이 급하지 않다면 일단 스와치만 챙겨오세요. 원단 가게에서 스와치를 가져갈 수 있는지 물어보고 여러 스와치를 모아온 뒤 사무실에서 소재를 비교하고 결정합니다. 필요한 원단은 전화로 주문하고 퀵이나 택배로 받습니다.

샘플 원단이 급하다면 창고에서 원단이 오는 시간까지 기다렸다가 받아올 수 있습니다. 가게마다 창고에서 올라오는 시간이 다르기 때문에 원단 도착 시각을 확인합니다.

<예시: 업체마다 시간 상이>

샘플	주문 마감	원단 도착 시간
1차	10:00 am	1:00 pm
2차	12:00 pm	4:00 pm
3차	5:00 pm	익일 9:00 am

예를 들어, 오전 10시 이전에 주문했다면, 오후 1시 이후에 매장에 방문했을 때 샘플 원단 픽업이 가능합니다. 오후 12시에 원단을 주문했다면 4시까지 기다려야 받을 수 있어요. 시간은 가게마다 조금씩 다릅니다. 그래서 원단을 픽업할 곳이 여러 곳이면 전날 전화로 미리 주문하고 쭉 돌면서 픽업하는 방법이 좋고, 단건이면 직접 시장에 방문하기보단 퀵이나 택배로 배송을 받는 게 더 편리합니다.

전화로 "○○스와치 ##번 △야드 구매할 수 있나요?"라고 물어보면 됩니다. 원단 종류와 필요한 양을 가게에 말하면 "상호가 어떻게 되나요?" 또는 "어디에서 오셨나요?"라고 물어볼 거예요. 그럼 사업자나 브랜드명을 알려주면 됩니다. 사업자가 없는 개인 고객도 구매할 수 있습니다.

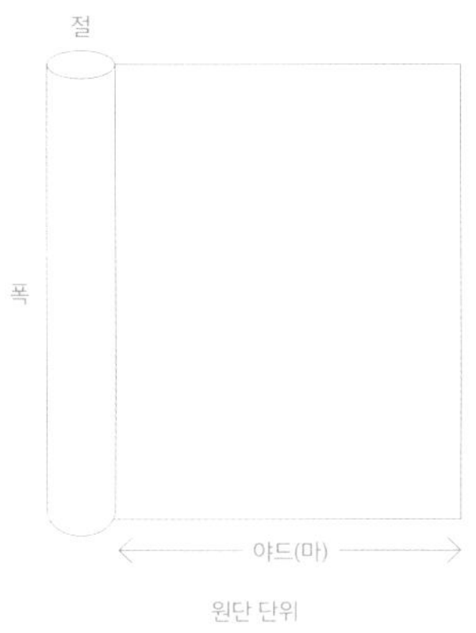

원단 단위

~~~ 원단을 소량만 구매할 때

소량만 구입하고자 한다면 광장시장 원단 골목을 찾아가 보세요. 소매로 판매하고 있는 곳이라 좀 더 쉽게 구매할 수 있습니다. 물론 동대문종합시장 내에도 '자투리 원단 가게'가 있습니다. D동 2~3층 중앙 에스컬레이터 근처에도 있고, 돌아다니다 보면 2~3야드씩 잘라둔 원단을 판매하는 가게들을 시장 곳곳에서 볼 수 있을 거예요.

~~~ 원단 쇼핑몰에서 구매할 때

시장에 직접 나가기 힘들거나 소매로 구입하는 분은 온라인을 이용하면 좋습니다. '원단 쇼핑몰'을 검색하거나 캔버스, 옥스퍼드, 미니쭈리 등 원하는 소재의 이름을 검색하면 1마 단위로 주문할 수 있어요. 발품을 팔지 않고도 인터넷만 있으면 편하게 구매할 수 있습니다. 다만, 사진만 보고 구매하기 때문에 원단의 감촉이나 색감을 실제로 볼 수 없어 아쉽습니다. 시장에 발품을 팔아도 잘 안 나오는 소재나 수입 원단은 온라인에서 찾기도 합니다.

작업지시서 작성

작업지시서는 디자이너와 생산자 사이의 소통 자료입니다. 패브릭 굿즈는 한 사람이 만드는 게 아니라 재단사, 봉제사, 외주 업체 등 여러 전문가와 함께 만드는 작업이기에 약속된 자료가 있어야 처음 기획한 대로 제작할 수 있습니다. 작업지시서에는 도식화, 사이즈, 소재, 작업 시 주의 사항, 인쇄 위치, 부자재 정보 등 제품의 상세한 내용을 기재합니다. 생산 현장에서는 줄여서 '작지'라고 부릅니다. 작업지시서에 반드시 들어가야 하는 내용은 아래와 같습니다.

예시 이미지

완성된 제품의 모습을 도식화하거나 사진을 부착합니다. 그림을 잘 그려야만 하는 건 아니에요. 정교할수록 좋지만, 어떤 제품인지 생산자가 알아볼 수만 있다면 손 그림이어도 무방합니다. 누가 봐도 이해할 수 있을 정도로 정확한 표시가 중요한데요. 특히 박음선 같은 디테일은 상세하게 기록할수록 좋습니다.

상세 사이즈

디자인에 따라 필요한 사이즈 정보를 표기합니다. 사이즈가 여러 개일 경우 표를 만들어서 구분해 주세요. 측정 방법의 기준을 생산자가 이해할 수 있도록 표기해 주는 것이 좋습니다.

원단 및 부자재

원단의 품명과 색상, 요척 등을 작성하고 스와치를 잘라서 부착합니다. 원단의 색상과 소재가 여러 개라면 작업지시서에 모두 작성해야 실수를 줄일 수 있어요. 부자재 또한 품목, 색상, 길이 등을 상세하게 기입합니다.

나염 및 자수의 작업 방법과 인쇄 색상

아트워크 작업이 있다면 어떤 작업을 할 것인지, 사이즈와 색상 등의 작업 정보를 표기합니다. 모니터의 RGB 색상과 인쇄의 CMYK 색상 차이로 실수가 생기기도 하니 CMYK의 값을 정확하게 지정해서 전달하거나 인쇄 컬러를 프린트해서 가이드로 전달하면 인쇄 사고를 줄일 수 있습니다.

작성 분량

보통 한 장에 필요한 정보를 빼곡하게 담는 편입니다. 다만 작업지시서를 보는 분들의 연령대가 50대 이상인 경우가 많아서 글씨 크기가 크거나 깔끔하게 정리된 작업지시서를 보기 편하다고 생각할 수 있어요.

작업지시서

브랜드명	제품명	발주일
담당자	총 수량	납기일

원단

품명
색상
폭
요척

품명
색상
폭
요척

사이즈

부자재

작업 주의 사항

아트워크

시안
색상
사이즈
위치

샘플 제작

작업지시서와 원단, 부자재가 준비되면 샘플을 만들어볼 차례입니다. 샘플은 샘플 제작을 전문으로 하는 '샘플실'이란 곳을 찾아가면 됩니다. '샘플실'을 인터넷에 검색하면 많은 업체가 나와 있어요. 샘플 제작을 원하는 사람이라면 누구나 찾아갈 수 있습니다. 샘플실에 찾아갈 때는 작업지시서나 예시 이미지 등의 참고 자료를 준비합니다. 제작자가 작업지시서만 보고도 충분히 이해할 수 있어야 디자인한 모양대로 제품을 받아볼 수 있어요. 예를 들어 옆트임이 있는 디자인을 원했는데 작업지시서에 트임을 제대로 표시하지 않았다면 샘플에는 반영되어 나오지 않을 수도 있습니다. 그림으로 표현하기 어렵다면 '옆트임, 트임 길이 5㎝'처럼 글로 따로 적어둬야 합니다.

봉제공장에서 패턴을 떠서 가져오라고 하는 경우도 있습니다. 이럴 때도 샘플실을 이용하면 되는데요. 종이 패턴을 만드는 이유는 다음에도 똑같은 사이즈로 만들기 위해 원본을 떠두는 것입니다. 패브릭 제품은 종이로 패턴을 만든 후 원단 위에 패턴을 올려두고 본을 떠서

√ **원단을 바꾼다면 샘플은 무조건 다시 만들어보세요.**

똑같은 패턴으로 제작해도 사용하는 원단에 따라서 완제품 사이즈가 다르게 나온다는 사실을 아시나요? 원단마다 수축률도 다르고 핏이나 소재의 느낌도 달라요. 한 가지 원단으로 디자인했다가 마지막에 "원단을 바꿔 볼까?" 하는 분들이 생각보다 많습니다. 하지만 위험한 생각이에요. 두 가지 원단 중에 고민된다면 샘플비가 더 들더라도 두 가지 원단으로 모두 제품을 만들어보고 비교하는 방법을 추천합니다.

재단합니다. 그다음 재단물로 샘플을 가공하고 사이즈를 조정하며 패턴을 다듬어갑니다. 제작 사이즈가 여러 개일 경우 전체 사이즈를 모두 샘플로 만드는 경우는 드물고 중간 사이즈 또는 대표 사이즈로 작업한 후에 편차에 맞춰서 다른 사이즈의 패턴을 만듭니다. 이렇게 다른 사이즈를 만드는 것을 '그레이딩' 작업이라고 합니다.

샘플 비용은 샘플실마다 차이가 있고, 제품 디자인에 따라서도 차이가 있어요. 패턴만 의뢰할 수도 있고 가봉까지 전부 의뢰할 수도 있습니다. 첫 샘플을 받아보고 나서 한 번에 마음에 드는 경우는 드문데요. 완성된 샘플을 보면서 사이즈를 수정하기도 하고, 원단을 변경하기도 합니다. 이렇게 다듬고 바꾸는 과정을 여러 번 거치게 되기 때문에 제품 개발은 샘플실에서 작업하는 것을 추천합니다.

생산

작업지시서, 패턴, 원단 및 부자재를 준비해서 모두 공장으로 보내면 본 제품 생산이 시작됩니다. 샘플실에서 시제품이 나왔어도 생산공장에서 본 작업에 들어가기 전에 한 번 더 샘플을 만들어보는 것이 좋습니다. 사이즈나 디테일이 생각한 대로 잘 나오는지, 공장과 정확하게 커뮤니케이션이 되었는지 확인하는 게 안전하니까요. 본 제품을 생산하는 과정은 크게 '재단 › 아트워크(나염, 자수) › 봉제 › 검품 및 패킹 › 납품' 다섯 단계로 나눠집니다. 생산과정은 공장에서 진행되기에 제작자가 할 일은 크게 없어요. 그러나 생산과정이 어떻게 진행되는지 알아두면 도움이 되니 작업 과정을 소개합니다.

재단

재단의 첫 단계는 입고된 원단을 확인하는 것입니다. 원단이 들어오면 공장에서는 LOT 번호를 체크하는데요. 원단의 생산 정보가 적힌 스티커가 롤마다 붙어 있고 이 스티커에 LOT 번호가 적혀 있습니다. LOT은 동일한 조건에서 한 번에 생산된 원단에 부여하는 번호예요. 즉, 원단이 생성된 시기에 따라 LOT 번호가 다르게 나옵니다. 같은 조건으로 염색해도 색상이 조금씩 다르게 나오는 경우가 있기에 가장 먼저 LOT 번호를 확인하고 작업지시서에 나와 있는 요척을 계산해 재단합니다.

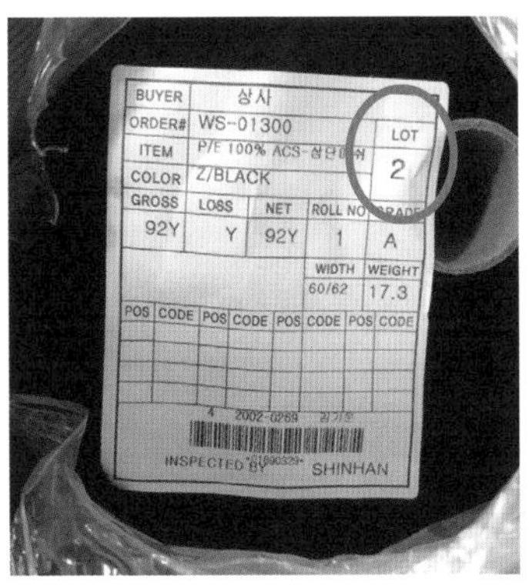

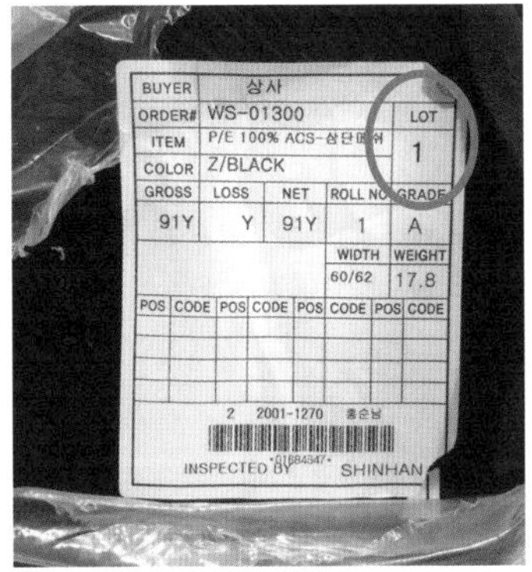

아트워크

나염, 자수, 전사 등의 아트워크는 원단을 재단한 후에 바로 작업합니다. 평평한 원단에서 찍어야 동일한 위치에 정확하게 찍을 수 있습니다. 완제품에도 아트워크 작업이 가능하지만 작업 범위에 제한이 생겨요. 가능한 공정 범위는 공장과 미리 상의하여 결정하세요.

봉제

아트워크 작업이 끝난 후에 봉제를 시작합니다. 원단 LOT 번호가 다른 경우 색이 조금씩 다르기도 하고, 여러 사이즈로 제작해야 하는 경우도 있어서 제품별로 부속이 섞이지 않도록 분리합니다. 테이프, 단추, 지퍼, 라벨 등의 부자재가 들어가는 경우 이 단계에서 함께 미싱으로 봉제합니다.

검품 및 패킹

완성실은 실밥 정리, 검품 작업을 1차로 진행한 뒤에 다림질을 하는 곳입니다. 완제품 검수 후 포장 작업이 필요한 경우 하나씩 포장을 합니다.

납품

상호 협의가 이뤄진 방법에 따라 납품을 진행합니다. 택배, 퀵, 방문수령 등이 있습니다.

생산 방식

주문자가 생산과정에 얼마나 관여하는지에 따라 임가공/OEM, CMT, 완사입/ODM으로 나눌 수 있습니다. 임가공은 주문자의 품이 많이 들어가는 대신 생산 비용이 비교적 저렴하고, 완사입으로 갈수록 생산자의 품이 많아져서 비용이 상승하게 됩니다.

생산 방식	상품 개발	원단 공급	부자재 공급
임가공/OEM	주문자	주문자	주문자
CMT	주문자	주문자	생산자
완사입/ODM	생산자	생산자	생산자

임가공/OEM

임가공과 OEMOriginal Equipment Manufacturing은 주문자가 원단과 부자재를 모두 공급하고 생산만 공장에 맡기는 위탁 생산입니다. 주문자가 재료를 공급하고 제작 설계도인 작업지시서를 보내주면 공장은 봉제 작업만 합니다. 봉제 작업 이외 제품 생산에 필요한 작업지시서(디자인, 작업 방법), 패턴, 샘플 제공, 원단과 부자재 수급, 품질 관리 및 검품 등의 전 과정을 주문자가 주도합니다.

CMT

CMTCutting, Marking, Trimming는 주문자가 원단만 공급하고 그 외의 부자재는 생산자인 공장에서 조달하는 생산 방법입니다. 원단이나 작업 상태에 따라 전문가가 적합한 부자재를 선정해서 생산할 수 있다는 이점이 있습니다. 폴리백, 고무줄, 스냅단추, 심지 등 자주 사용하는 부자재는 공장에서 다양하게 보유하고 있기도 합니다. 공장은 보통 대량으로 구매하기에 상대적으로 부자재의 원가절감이 가능하고, 공정에 따라 적절한 시기에 부자재를 구비해 놓아 생산 기간을 단축할 수 있다는 장점도 있습니다.

완사입/ODM

완사입과 ODMOriginal Development Manufacturing은 제품 기획부터 디자인, 샘플 제작 및 생산의 전 과정을 공장에서 진행하는 방식입니다. 공장에서 자체 개발하여 생산한 완제품을 공급받게 됩니다. 재단, 원단 주문, 봉제 마무리까지 공장에서 주도하기에 주문자의 발품을 덜어주고 자재 구입, 비용 절감, 관리가 용이하다는 장점이 있습니다.

패브릭 굿즈 제작 업체의 종류

~~~ 봉제공장

○ 재단부터 봉제까지 한 곳에서 작업하는 완성공장

○ 봉제만 받아서 하거나, 부분 작업만 하는 하청공장

○ 실밥 정리, 다림질, 시아게, 포장 등을 전문으로 하는 포장공장

○ 나나이치, 닥고 등 특정 작업만 전문으로 하는 특정 전문공장

~~~ 패턴실

옷의 본을 제작하는 곳입니다.

~~~ 샘플실

정해진 패턴과 원단으로 시제품을 제작하는 곳으로 제품 개발을 하거나, 특정 디자인으로 극소량 제작을 원하는 경우에는 샘플실을 통해 생산하는 것이 좋습니다.

~~~ 프로모션 업체

디자인, 소재 기획, 작업지시서 작성, 패턴 제작, 샘플 제작, 생산, 검수, 포장 등 일련의 생산과정을 대행하여 제작하는 업체입니다. 제품을 처음 생산해서 노하우가 부족하거나, 공장을 직접 찾기 어려울 때, 공장과의 소통이 어려운 경우에는 프로모션 업체를 통해 생산하는 것이 효율적입니다.

판촉물/커스텀 제작 업체

완제품에 인쇄하거나, 정해진 디자인 안에서 저렴하게 생산이 가능한 업체입니다. 단체 티셔츠 제작 등 기본 제품에 프린트만 원하는 경우에는 판촉물/커스텀 제작 업체에서 생산하는 것이 합리적입니다.

√ 프로모션 업체

- 티집 www.teeezip.com
- 동선 instagram.com/dongseon_insta

√ 판촉물/커스텀 제작 업체

- 마플 www.marpple.com
- 오프린트미 www.ohprint.me
- 레드프린팅 www.redprinting.co.kr

봉제공장 찾는 방법

~~~~ 봉제 단체의 도움을 받습니다

공장마다 전문적으로 취급하는 품목이 다 다릅니다. 생산하려는 제품을 확실히 정한 후에 패션협회나 봉제조합 등 관련 단체에 문의하면 적합한 생산공장을 소개받을 수 있어요.

~~~~ 인터넷 정보를 활용하세요

카페, 커뮤니티, 블로그 등 생산 정보를 공유하는 곳이 많습니다. 공장을 소개하는 글이 많아서 게시글을 보고 직접 연락할 수 있어요. 생산 단가를 비교하거나, 특수한 품목 같은 경우에는 공장을 찾는다는 글을 올리면 업체에서 연락이 오기도 합니다. 퀄리티, 단가, 위치, 소량 생산 등 다양한 조건을 비교해 자신의 브랜드에 맞는 기준을 찾아보세요.

~~~~ 의류 생산 플랫폼을 활용합니다

애플리케이션, 홈페이지 등을 통해 공장 검색, 비교 견적, 전자 계약, 제작 의뢰까지 다양한 서비스를 이용할 수 있습니다. 직접 발품을 팔아서 공장을 찾는다면 플랫폼을 활용하는 것도 도움이 됩니다.

√ **봉제 단체**

- 중랑패션봉제협동조합 jrmilano.com
- 중구의류패션지원센터 jfcenter.co.kr

√ **커뮤니티**

- 봉제네(네이버 카페)
  cafe.naver.com/misinggo

√ **의류 생산 플랫폼**

- 오슬(O'sle) www.osle.co.kr
- 파이(FAAI) www.faai.co.kr

~~~~ 공장에 처음 연락할 때 알아두면 좋아요

공장에 문의할 때 가장 궁금한 건 아무래도 생산 단가죠. 참고 사진을 문자로 보내면서 "이 상품을 제작해야 하는데 얼마인가요?"라고 물어봐도 정확한 생산 단가를 확인하기 어려울 수 있어요. 공장에서 샘플 실물을 직접 봐야 봉제의 난이도와 디테일을 정확하게 확인할 수 있기 때문이에요. 같은 사진을 봐도 공장마다 생각하고 있는 완성도의 수준이 다를 확률이 높습니다. 처음 연락할 때는 사진과 같은 제품군의 대략적인 공임 범주를 체크하고, 샘플 제작을 의뢰하는 정도로 연락하는 게 좋습니다.

사장님도 좋아 보이고, 완성도도 마음에 드는데 제작하고 싶은 수량보다 공장의 최소 제작 수량이 더 많을 때가 있을 거예요. 많은 재고가 부담이라면 생산 단가를 조정해 보는 방법이 있어요. 소량 생산을 고려해서 제작 비용을 조금 더 드리고 리오더 작업을 하게 되면 단가를 조정해 달라고 이야기해 보는 것이지요. 제작을 의뢰하는 입장에서는 소량 생산하는 게 좋지만 공장 입장에서는 소량 생산은 사실 품만 많이 드는 힘든 작업입니다. 제작 공정을 김밥을 만드는 과정이라고 생각해 볼게요. 김밥 한 줄을 만들기 위해 밥을 짓고, 계란을 부치고, 부재료를 하나씩 손질하는 데 시간이 꽤 오래 걸리지만, 막상 모든 재료가 준비되고 나면 김밥 한 줄을 만드는 데는 몇 분 걸리지 않아요. 손에 익었을 때부터 생산 효율이 나는데 몇 개 만들다 보면 제작이 끝나 버리는 경우도 많습니다. 서로의 상황을 이해하고 대화를 나누면서 가능한 선에서 조율할 수 있다면 서로 좋은 작업이 되겠지요. 만드는 모든 공정은 결국 사람이 하는 일이다 보니, "잘 부탁드립니다"라는 인사 한 마디에도 따뜻한 마음이 되곤 하니까 말이죠.
~~~~

36

#122
103

02

원단과 부자재

DO NOT DRY CLEAN

SIZE FREE

100% HANDMADE

√

원단

섬유

섬유로 원사(실)를 뽑고, 원사로 원단을 만들어 제품을 만듭니다. 제대로된 굿즈를 제작하기 위해서는 먼저 재료의 성질을 알아야 해요. 예를 들어 티셔츠를 만들 때 보풀이 일어나지 않는 소재를 원한다면 합성섬유보다 면과 같은 천연섬유를 사용하면 됩니다. 이렇게 원단을 이루는 섬유의 특징을 알아두면 제작에 많은 도움이 될 거예요. 조금 복잡한 내용이 될 수도 있지만, 완성도 높은 제작을 위해 섬유의 이야기를 먼저 살펴보겠습니다. 섬유는 자연에서 얻을 수 있는 천연섬유와 인공적으로 만드는 인조섬유로 나눌 수 있어요. 인조섬유 중에도 재생섬유와 합성섬유(화학섬유)가 있습니다. 재생섬유는 천연섬유 중에서 길이가 너무 짧아 사용하기 부적절한 것에 화학 변화를 가해 재탄생한 섬유입니다.

개별 섬유의 세탁 방법은 일반적인 내용을 소개하는 것이며, 같은 섬유를 사용하더라도 제직 방법에 따라서 세탁 방법이 달라질 수 있습니다. 혼방일 경우에는 여러 섬유의 특징을 살펴 세탁 방법을 고려해야 합니다.

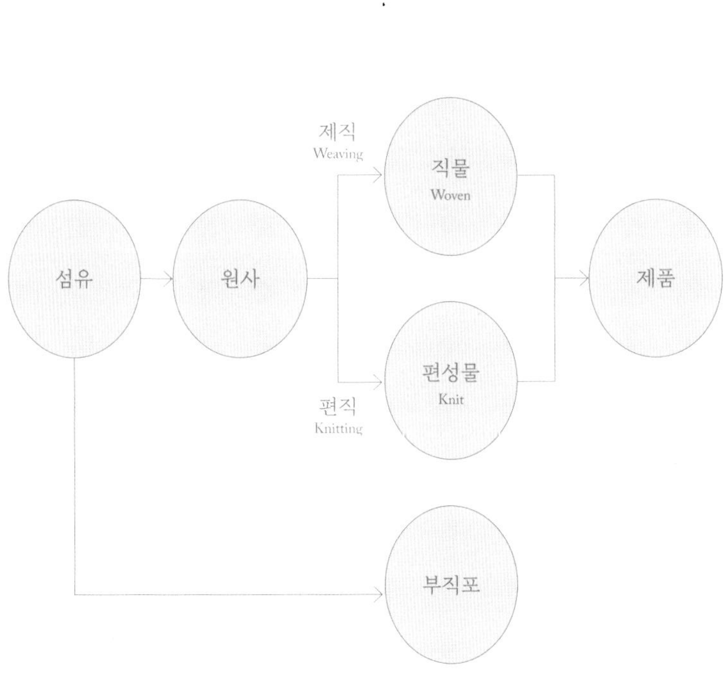

한눈에 보는 섬유

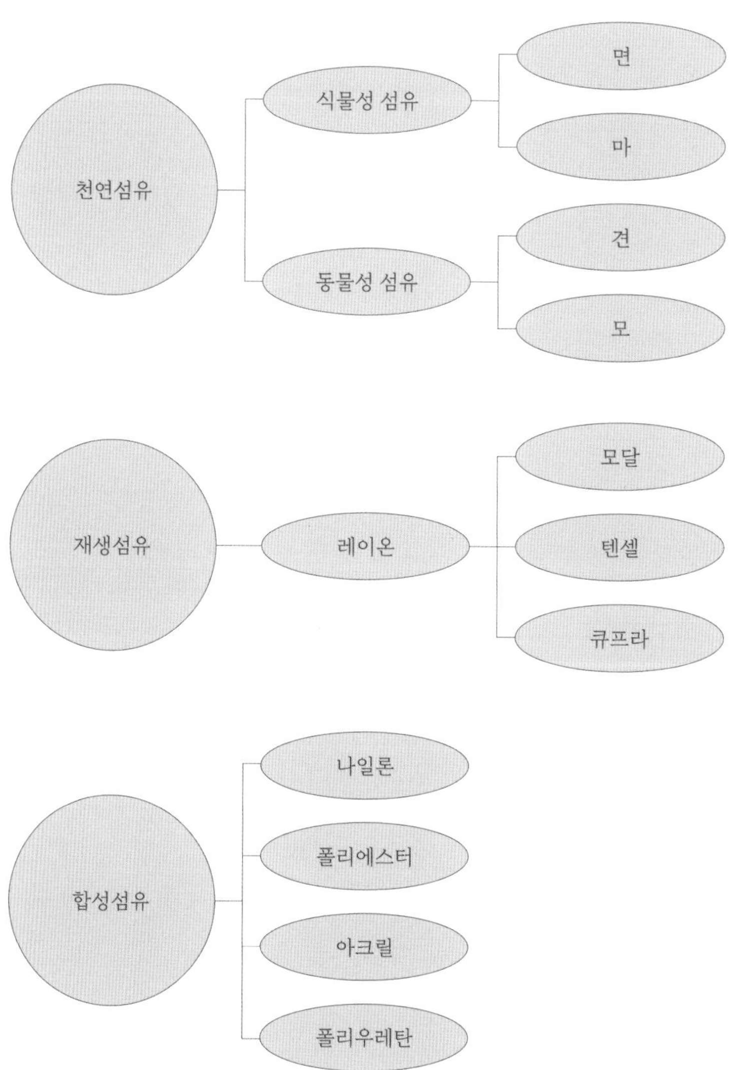
천연섬유
식물성 섬유
면
마
동물성 섬유
견
모
재생섬유
레이온
모달
텐셀
큐프라
합성섬유
나일론
폴리에스터
아크릴
폴리우레탄

면
Cotton

95°C 기계 세탁, 손세탁 가능
드라이클리닝 가능
기계 건조 가능
180~210°C 180~210도 다림질

면은 목화씨에서 뽑은 섬유로 섬유의 길이가 길고, 꼬임이 많으며 하얀색일수록 좋은 품종입니다. 통기성이 좋고 수분을 잘 흡수하지만 건조 속도가 비교적 느린 성질을 가지고 있어요. 땀 흡수력이 뛰어나 속옷이나 일상복으로 제작하기 좋지만, 운동복을 제작하려고 생각한다면 땀이 빨리 마르지 않는 단점도 고려해야 합니다.

면 소재로 만든 원단은 다양한 색상으로도 염색이 가능합니다. 폴리에스터로 만든 원단은 염색하고 나서 번지기도 하고, 쨍한 색상으로는 염색이 어렵습니다. 반면 면은 염색이 잘 되어 시중에 예쁜 컬러가 많이 나오는 편입니다. 면의 또 다른 장점은 물에 젖어도 내구성이 강해 물세탁을 반복해도 쉽게 약해지지 않죠. 다만 세탁 후 구김이 잘 생기고 수축된다는 단점이 있습니다. 그래서 폴리에스터와 혼방하여 면의 단점을 보완합니다.

면은 열에 강한 소재이기도 해서 비교적 높은 열에서도 다림질을 할 수 있습니다. 천연섬유 중에서 햇빛에 견디는 성질이 가장 좋지만, 오랜 시간 햇빛에 노출되면 누렇게 변할 수 있어요.

마
Linen

30도 중성세제로 손세탁 가능
염소표백 불가능
드라이클리닝 가능
기계 건조 불가능
180~210도 다림질

마는 식물 줄기에서 뽑은 섬유입니다. 통기성과 흡수성이 우수해 땀 흡수가 잘 되고 빨리 마르는 특징이 있어요. 촉감이 차가워서 피부에 닿으면 시원해 여름용 소재로 적합하지만 구김이 잘 생기는 단점이 있습니다. 그렇기에 추가 공정을 거치거나 합성섬유와 혼방해 사용하기도 합니다. 마는 면보다 두 배 이상 질긴 섬유로 구김을 방지하기 위해 폴리에스터와 혼방을 많이 합니다. 빳빳하고 거친 외관으로 딱딱한 느낌이 들지만, 구겨지면 구겨진 대로 자연스럽게 부드러운 느낌으로 변합니다.

마는 미생물과 세균에 강하고, 정전기 발생이 적은 위생적인 섬유입니다. 면처럼 알카리에 강하고 산에 약한 마는 건조보다 세탁할 때 강도가 커집니다. 마 섬유 중에서 가장 많이 사용하는 세 가지가 있는데요. 여름 의류로 많이 입는 리넨, 한복 소재로 많이 사용하는 모시, 상복으로 많이 쓰는 삼베가 있습니다.

견
Silk

30도 중성세제로 손세탁 가능
염소표백 불가능
드라이클리닝 가능
기계 건조 불가능
140~160도 다림질

동물성 섬유는 식물성 섬유보다 구김이 심하지 않은 편이에요. 동물성 섬유인 견은 천연 소재 중 유일한 장섬유이며 두께가 가장 가는 섬유입니다. 실은 촘촘하고 가늘게 짤수록 부드러워집니다. 견은 누에고치의 섬유를 구성하는 단백질인 피브로인Fibroin을 세리신Sericin이라는 단백질이 둘러싸고 있는데, 세리신을 제거하지 않은 상태를 생견 또는 생사라고 불러요. 생견은 빳빳하고 광택이 나지 않지만 세리신을 제거하고 나면 광택이 돌고 유연해집니다. 견은 차르르 떨어지는 느낌의 소재라서 드레스나 스카프, 블라우스, 란제리 등 다양하게 사용하고 있습니다.

견은 물세탁보다는 드라이클리닝을 권장합니다. 면과 마는 알칼리에 강해서 세탁이 쉽지만, 견은 알칼리에 약한 섬유에요. 그래서 물세탁을 한다면 꼭 중성세제를 사용해야 합니다. 고열에서 다림질하면 누렇게 변할 수 있으니 주의하세요.

모 Wool	염소표백 불가능 드라이클리닝 가능	기계 건조 불가능 140~160도 다림질

모는 양털, 울이라고 부르기도 하며, 보온성이 좋은 소재입니다. 유일하게 단열과 발열이 동시에 가능한 섬유이기도 해서 겨울철 소재로 적합합니다. 모는 구겨져도 잘 펴진다는 장점이 있어요. 섬유 안쪽은 수분을 잘 흡수하지만 섬유 표면은 물이 스며들지 않고 튕겨내는 발수 성질을 가지고 있습니다. 양털은 일 년에 한 번 깎는데 부위마다 품질이 다르기 때문에 그만큼 값이 비싼 섬유라 가격을 낮추기 위해 다른 섬유와 혼방해서 사용하기도 합니다.

모는 중성세제로 가볍게 세탁하거나 드라이클리닝을 권장합니다. 표면이 엉키는 성질이 있어서 물과 알칼리성 세제로 세탁하면 수축하기 때문입니다. 염소계 표백제 사용 시 누렇게 변하기 때문에 사용에 주의해 주세요. 건조기를 사용하면 촉감이 거칠어지기 때문에 그늘에서 자연 건조하는 것을 권장합니다.

레이온
Rayon

염소표백 불가능
드라이클리닝 가능
기계 건조 불가능
140~160도 다림질

재생섬유는 목재의 펄프와 같은 천연섬유로 만들어집니다. 길이가 너무 짧아 온전히 섬유로 쓸 수 없는 재료에 화학 변화를 거친 다음 섬유로 만들게 됩니다. 레이온은 실크와 비슷한 드레이프성을 가진 원단을 만들기 위해 사용합니다. 드레이프성이란 섬유의 유연한 정도를 나타내는 말인데요. 옷감이 부드럽게 떨어지는 정도를 표현합니다. 합성섬유로는 만들지 못하는 부드러운 옷을 만들기 위해서 레이온을 사용하는 것이지요. 실크뿐 아니라 울, 면화, 리넨 같은 다른 천연섬유와 비슷한 옷감을 만들기 위해서도 사용됩니다.

레이온은 보온성이 떨어지지만 땀 흡수에 효과적인 원단으로 덥고 습한 기후의 옷감으로 많이 사용하고 있습니다. 레이온은 구김이 잘 생긴다는 단점이 있습니다. 그래서 합성섬유나 면과 혼방하여 사용합니다. 혼방률을 다양하게 조절하여 직물의 부드러운 정도나 광택을 조절하기도 합니다.

레이온의 종류는 모달, 텐셀, 큐프라가 있습니다. 모달은 부드러워서 속옷이나 와이셔츠, 티셔츠에 많이 사용하고, 텐셀과 큐프라는 제조 과정에서 환경을 오염시키는 유해 물질을 배출하지 않는 친환경 소재로 부드럽고 통기성이 좋아 착용감이 좋습니다.

나일론
Nylon

- 30도 이하, 중성세제로 기계 세탁 가능
- 염소표백 불가능
- 기계 건조 불가능
- 드라이클리닝 가능
- 140~160도로 천을 덮고 다림질

나일론은 쭉쭉 늘어나도 원래의 모양대로 돌아가는 회복성이 좋아 구김이 잘 생기지 않는 섬유입니다. 구김이 잘 생기는 섬유와 혼방하면 구김을 방지할 수 있어 활용도가 높습니다. 천연섬유나 폴리에스터보다 가볍고 마모가 잘 안 되며 질기기로 유명해요. 피부에 닿는 촉감이 좋아 속옷, 스웨터, 양말, 가방, 운동복, 레저복에도 많이 사용하지만, 천연섬유보다 땀 흡수가 안 되는 편입니다. 그래도 세탁이 간편하고 건조가 빠르고 다림질이 거의 필요 없어 관리하기 편한 섬유입니다. 흰색 나일론의 경우 다른 염료를 흡착할 수 있어서 분리 세탁을 권장합니다. 나일론은 내구성과 열에 약하기 때문에 고열로 세탁하거나 고온으로 건조하면 변형될 수 있어요. 표면에 정전기가 잘 생기니 기계 건조는 피해야 합니다. 나일론으로 만든 원사는 쨍한 색상으로 염색할 수 있어요. 그러나 원단 위에 프린트는 어려워서 전사인쇄를 하기에 적합한 섬유는 아닙니다.

폴리에스터
Polyester

40도 이하, 중성세제로 기계 세탁 가능	기계 건조 불가능
염소표백 가능	80~120도로 천을 덮고 다림질
드라이클리닝 가능	

폴리에스터는 탄성 회복력이 좋은 섬유로, 세탁 후에도 쉽게 마르고 구김도 잘 생기지 않아요. 전체 합성섬유 생산량의 50% 이상을 차지하기도 해요. 폴리에스터는 100% 단독으로도 많이 사용하지만 면, 양모, 레이온 등과 혼방할 때 가장 많이 활용하기도 합니다. 혼방을 표시할 때는 폴리에스터는 약자를 'P'로 표현하기도 하고 테트론Tetron의 'T'로도 표기하는데, 테트론은 폴리에스터 계통의 섬유 중 하나입니다. 그래서 폴리에스터와 면이 혼방된 소재를 T/C라고 표기하기도 합니다.

전사인쇄를 할 때 가장 많이 사용하는 소재가 폴리에스터로 만들어진 소재입니다. 전사인쇄는 인화지에 인쇄한 다음, 판박이 스티커처럼 원단에 옮기는 방식으로 작업합니다. 폴리에스터는 산이나 알칼리에 손상을 받지 않아요. 잦은 세탁에도 쉽게 상하지 않는 강한 섬유라서 관리도 쉽습니다. 세탁은 까다롭지 않으나 열에 약한 소재라 낮은 온도로 뒷면을 다림질하는 게 좋아요.

아크릴 Acrylic	30도 이하, 중성세제로 기계 세탁 가능 염소표백 불가능 드라이클리닝 가능	기계 건조 불가능 140~160도로 천을 덮고 다림질

아크릴은 모의 대용으로 많이 사용하는 인조섬유로 가격이 비싼 모 대신 아크릴을 사용하는 경우가 많습니다. 양모처럼 보온성이 좋아 따뜻하고, 촉감이 부드러울 뿐만 아니라 관리도 수월해요. 다만, 양모보다 정전기는 잘 생깁니다. 주로 스웨터나 겨울 내의, 모포, 양말 등에 사용합니다.

탄력 회복성이 커서 구김이 생기지 않아 다림질 없이도 관리하기 편한 섬유입니다. 다른 합성섬유와 마찬가지로 보풀이 잘 생기고 열에 약해요. 다림질해야 한다면 150도 이하의 낮은 온도에서 원단 위에 천을 덮고 다림질하는 게 좋습니다. 햇빛에 오래 두어도 변색이 되지 않는 장점이 있고 내약품성이 좋아 세제 사용에도 안정적인 편입니다.

폴리우레탄
Polyurethane

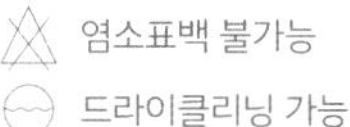

염소표백 불가능

드라이클리닝 가능

기계 건조 불가능

140~160도로 천을 덮고 다림질

폴리우레탄은 신축성이 필요한 옷을 만들 때 혼방으로 많이 사용합니다. '스판덱스'라고도 불리기도 하죠. 고무보다 탄성이 좋은 섬유로 원래 길이의 5~8배까지 늘어날 수 있을 정도로 탄성이 좋습니다. 폴리우레탄은 조금만 혼방해도 옷에 신축이 생겨서 착용했을 때도 편안하고 핏도 예쁘게 잡아줍니다. 폴리우레탄이 혼방된 소재를 사용하면 립rib을 따로 쓰지 않아도 신축성이 좋아 울지 않게 만들 수 있어요. 폴리우레탄은 열에 약한 섬유입니다. 고온으로 다림질하면 변형될 수 있어요. 원단을 직조하면서 신축이 생겼던 부분이 옷을 제작하고 마무리하는 공정이나 나염을 찍는 과정에서 열을 가하면 수축되는 위험이 있습니다. 이런 특성 때문에 제작할 때 사이즈가 달라지는 변수가 생기기도 하는 다루기 어려운 섬유이기도 합니다. 게다가 염색이 100% 되지 않아 이염이 생길 수 있으니 주의하세요. 폴리우레탄은 단독으로 사용하기보다 다른 섬유와 혼방하여 사용하므로 세탁 시 다른 섬유의 세탁 방법도 함께 고려해야 합니다.

제직 방법

~~~~ 직물

실을 가로 세로로 엮어 천으로 만드는 것을 직물이라고 합니다. 원단은 세로 방향으로 있는 '날실'과 가로 방향의 '씨실'을 교차해서 만듭니다.

○ 경사 = 직물의 길이 방향 = 세로 방향의 실 = 날실

○ 위사 = 직물의 폭 방향 = 가로 방향의 실 = 씨실

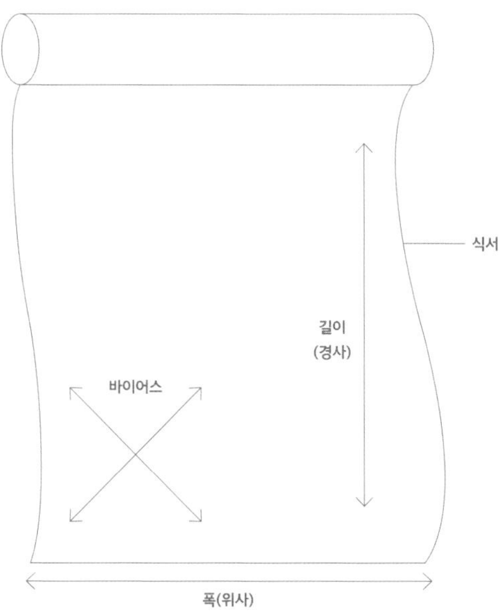
~~~~

편성물

편직은 뜨개질을 떠올리면 쉽게 이해할 수 있어요. 뜨개질할 때 한쪽 바늘에 고리를 만들어 걸어두고, 반대쪽 바늘로 하나씩 떠가면서 새로운 고리를 걸어가며 옷감을 짜잖아요. 그 방법이 편직이고 이렇게 짠 옷감을 편성물(니트)이라고 합니다.

실의 굵기를 표시하는 방법

○ 면번수: 번수는 실의 굵기를 말해요. 면번수는 영국식 변수법으로 무게는 1파운드로 지정되어 있고, 그 무게에 맞추려면 실을 몇 야드를 올려야 할지 생각하면 됩니다. 기준은 840야드가 1파운드 일 때 '1수'라고 부릅니다. 2수면 1,680야드가 1파운드가 되고, 10수면 8,400야드가 1파운드겠죠. 숫자가 낮을수록 굵은 실로 40수 < 30수 < 20수 < 10수 순으로 실의 두께가 두꺼워집니다.

○ 데니어: 데니어는 9,000m가 1g인 실을 '1d'라고 표기합니다. 실이 두꺼워지면 무거워질 거고, 무거우질 수록 데니어 번수가 커지니까, 실이 굵어질수록 번수가 커집니다. 10데니어 < 20데니어 < 30데니어 < 40데니어 순으로 두께가 굵은 실인 거예요. 스타킹을 보면 두꺼운 실을 사용한 스타킹은 데니어가 높고, 얇은 스타킹은 데니어가 낮은 것을 생각하면 이해가 쉽습니다.

드림 싱글
DREAM single
C 60 MD 40 58-60"
3,700(M+500)
new color
D5953

스와치 보기

스와치는 원단 시장에서 쉽게 볼 수 있는 원단의 샘플 북입니다. 스와치는 컬러가 추가되거나 빠지기도 하고, 시즌이 지나면 단종되는 경우도 있어 원단을 구입할 때 계속 나오는 소재인지 확인해야 합니다. 원단은 염색된 날의 습도와 온도 등에 영향을 받기 때문에 스와치의 색상과 실제 원단의 색상이 다를 수 있어요. 견본인 스와치가 생산된 시기와 발주할 원단의 생산 시기가 다르다면 색상 차이가 날 수도 있습니다. 심한 경우에는 교환을 할 수 있어요.

스와치에 립 원단이 붙어 있지 않은 경우, 원단 가게에 립 원단이 나오는지 문의해 보세요. '멜란지 +500'과 같이 별도로 적힌 금액은 멜란지 그레이 색상 원단은 단위당 금액이 500원이 더 비싸다는 뜻입니다. 일반적인 원단은 원단을 실로 짠 후에 염색을 하는 '후염'인 반면, 멜란지 그레이 컬러는 회색과 하얀색 실을 먼저 염색한 후에 원단을 짜는 '선염' 방식으로 제직하기 때문에 가격이 더 비싸게 됩니다.

원단 표기 약자

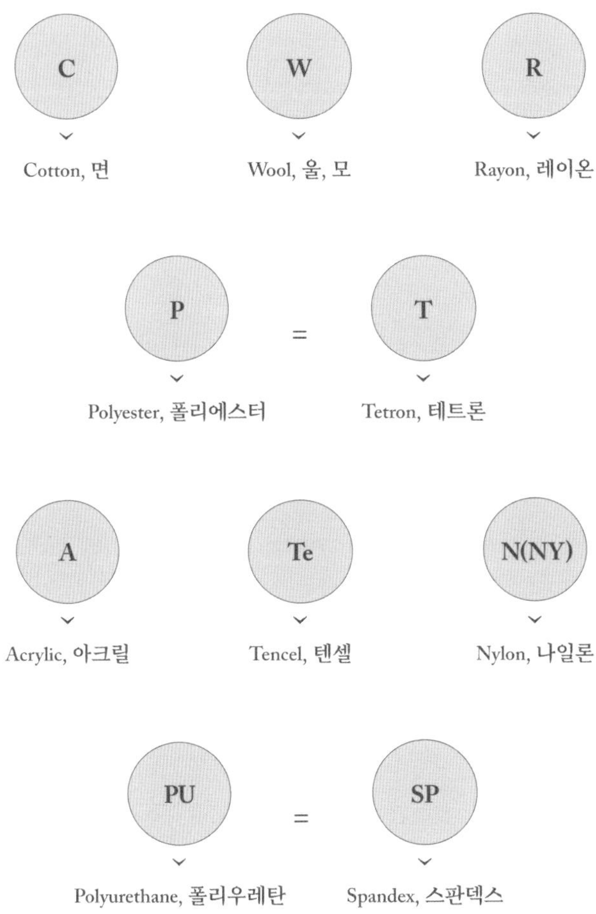

혼방 원단은 더 많이 들어간 소재를 앞에 표기합니다.
C/P (면 > 폴리에스터), P/C (폴리에스터 > 면)

원단 이름	봉봉스판
원단 가격	야드당 6,500원
멜란지 +500	멜란지 색상만 7,000원
혼방	C(면) 35%, Te(텐셀) 7%, P(폴리) 54%, SP(스판) 4%
원단 폭	58~60인치, RIB(시보리) 원단 폭은 48~50인치

봉봉스판 멜란지 +500
C/Te/P/SP 35/7/54/4
58-60 inch ₩6,500
RIB 48-50 inch

원단 이름	30수 싱글
원단 가격	10,000원~12,000원/kg (컬러마다 다름, 매장문의)
원단 폭	38인치 × 2튜브
야드당 중량	260g 전후

30수 싱글
38"X2튜브260 ± g/yd
₩10,11,12/kg

10수 캔버스(Normal) @4,800
10수 캔버스(피치 가공)58" @5,300

원단 이름	10수 캔버스
원단 가격	야드당 4,800원 (피치 가공 원단은 5,300원)
원단 폭	58인치

MVS 싱글(20)
60/62" (텐타 / 바이오 / 덤블)
300 ± g/yd
₩5,500/yd

원단 이름	MVS 싱글 20수
원단 가격	야드당 5,500원
원단 폭	60~62인치
야드당 중량	300g 전후
후가공	텐타, 바이오, 덤블

√ 면은 보통 C로 표기되지만 가끔 CD 또는 CM이라고 표기될 때도 있어요

· 카드사(CD): 면을 방직할 때 엉켜 있는 섬유를 빗질하고 불순물을 제거하는 기본 공정을 '카딩'이라고 하는데 이 공정을 거친 실을 카드사라고 합니다. 비교적 거칠지만 따뜻한 촉감을 가지고 있고, 굵은 실에 속합니다.

· 코마사(CM): 코마사는 카딩 작업을 한 카드사에서 잔털을 제거하는 '코밍' 공정까지 한 상태를 말합니다. 공정을 한 번 더 거친 만큼 표면이 매끄럽고 광택이 우수한 실이에요. 가는 실일수록 원단의 밀도가 높고 고가 의류에 사용되죠.

√ 소재 혼방 정보가 없다면 매장에 문의하세요

컬러 번호가 없다면 몇 번째 장인지 숫자를 셉니다. 예를 들어, '앞에서 10번째, 뒤에서 5번째에 있는 블루' 처럼요. 보통의 스와치는 야드 단위로 적혀 있는데, 편성물(니트)은 kg으로 써 있는 경우가 있어요. 편성물은 당기면 쭉쭉 늘어나는 신축성이 큰 소재이기 때문에 원단이 늘어난 상태에서 길이를 쟀다가 시간이 지나면서 수축된다면 양 자체가 달라지니까요. 이런 이유로 편성물은 1kg 단위로 중량 거래를 합니다.

√ 스와치에 '튜브'라고 적혀 있다면

튜브는 38인치 원단이 원통형으로 감겨 있는 상태를 말합니다. 보통 원단은 원통으로 짜인 원단의 한쪽 면을 커팅하여 원단을 말아서 판매하지만, 튜브는 원통형 자체로 들어오는 원단입니다. 립 원단을 튜브 상태로 많이 판매합니다.

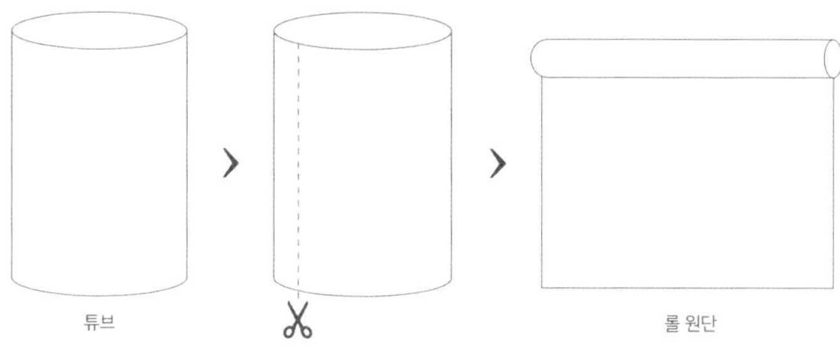

원단의 후가공

생지 상태의 원단에서 표백, 염색한 후 후가공을 진행합니다. 원단 시장에서 자주 보는 가봉법과 특징을 소개합니다.

- ○ 덤블 가공: 원단에 수분을 공급해 회전시켜 다시 건조하는 가공법으로, 세탁 후에 원단이 수축되는 것을 방지하는 효과가 있습니다.
- ○ 피치 가공: 표면의 잔털을 일으켜 세워 복숭아 솜털같은 부드러운 느낌을 주는 가공법입니다.
- ○ 바이오 워싱: 효소를 사용해서 표면의 짧은 섬유를 제거하여, 원단의 표면을 깔끔하고 촉감을 부드럽게 만드는 가공법입니다.
- ○ 발수 가공: 물방울이 스며들지 않고 표면에 맺히게 만드는 가공법으로 원단 위에 물을 흘리면 또르르 흘러내리는 것을 볼 수 있어요.
- ○ 실켓 가공: 원단 표면에 광택이 나도록 처리해서 실크 느낌이 나도록 만든 가공법입니다.
- ○ 덴타(텐타) 가공: 원단을 고온에서 건조해 형태를 고정하는 방법입니다. 허리선이 돌아가거나 뒤틀리는 현상을 막기 위한 작업으로 원단의 결, 무늬, 체크를 고정하는 역할을 합니다.

√
부자재

라벨

라벨은 브랜드명이나 사이즈 등의 정보를 표기하기 위한 용도로 제작되며, 의류, 가방 등 패브릭 굿즈를 제작하는 모든 곳에 쓰입니다.

~~~~ 메인 라벨

브랜드명, 사이즈 등을 표기하는 라벨입니다.

~~~~ 포인트 라벨

브랜드명을 인쇄하여 제품의 외관 옆면에 부착하는 경우가 많습니다.

케어 라벨

케어 라벨은 '품질 라벨', '세탁 라벨'이라고도 부릅니다. 원단 취급 시 주의 사항, 세탁 방법, 혼용률 등을 표기합니다. 케어 라벨에 들어갈 사항은 아래와 같습니다.

- 성분 섬유: 조성된 섬유의 혼용 비율을 백분율로 표기합니다. 겉감, 안감, 충전재 등 사용된 소재의 원료가 여러 개인 경우에는 각각 표기합니다.
- 취급주의 표시 부호: 물세탁 방법, 산소 또는 염소표백 여부, 다림질 방법, 드라이클리닝 여부, 건조 방법, 짜는 방법 등 6종류로 구분되고 이 중 의류 소재에 필요한 3종류 이상을 표기합니다.
- 제조자 정보: 제조자명, 제조연월, 제조국명, 주소 및 전화번호 표기 등 제조사의 상세 정보를 표기합니다.
- 사이즈: 상의는 가슴둘레, 하의는 허리둘레, 와이셔츠는 목둘레와 소매길이 등 제품별로 규격에 맞춰 치수를 표기합니다. 유아복은 신장을 기본 신체 치수로 합니다. 치수 표기는 권장 사항이며, 가방 등 일부 제품은 생략 가능합니다.

√ 전문 기관을 통해서 취급주의 표시 부호를 찾는 방법

한국의류시험연구원 www.katri.re.kr

시험·검사 > 섬유·패션시험 > 섬유품질시험 > 취급주의추천시험

· 시험항목: 혼용률, 염색견뢰도, 치수변화율

· 수수료 있음

· 문의: 02-3668-3000

케어 라벨 부호

물 세탁

- 물 온도 95°c로 세탁
- 세탁기, 손세탁 가능
- 세제 종류 제한 없음
- 삶을 수 있음

- 물 온도 60°c로 세탁
- 세탁기, 손세탁 가능
- 세제 종류 제한 없음

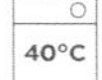

- 물 온도 40°c로 세탁
- 세탁기, 손세탁 가능
- 세제 종류 제한 없음

- 물 온도 40°c로 세탁
- 세탁기로 약하게 세탁
- 손세탁 약하게 가능
- 세제 종류 제한 없음

- 물 온도 30°c로 세탁
- 세탁기로 약하게 세탁
- 손세탁 약하게 가능
- 중성세제 사용

- 물 온도 30°c로 세탁
- 세탁기 사용 불가능
- 손세탁 약하게 가능
- 중성세제 사용

- 물세탁 안됨

산소·염소 표백

- 염소계 표백제로 표백

- 염소계 표백제로 표백할 수 없음

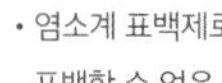

- 산소계 표백제로 표백

- 산소계 표백제로 표백할 수 없음

- 산소, 염소계 표백제로 표백

- 산소, 염소계 표백제로 표백할 수 없음

드라이클리닝

- 드라이클리닝 가능
- 용제는 클로로에티렌 또는 석유계 사용

- 드라이클리닝 가능
- 용제는 석유계 사용

- 드라이클리닝 할 수 있으나 셀프 서비스는 할 수 없음 (전문점에서만 가능)

- 드라이클리닝 불가능

다림질

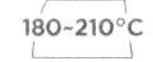

- 180~210°c로 다림질

- 원단 위에 천을 덮고 180~210°c로 다림질

- 140~160°c로 다림질

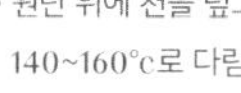

- 원단 위에 천을 덮고 140~160°c로 다림질

- 80~120°c로 다림질

- 원단 위에 천을 덮고 80~120°c로 다림질

- 다림질할 수 없음

건조 방법 & 짜는 방법

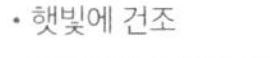

- 햇빛에 건조
- 옷걸이에 걸어서 건조

- 그늘에 건조
- 옷걸이에 걸어서 건조

- 햇빛에 건조
- 바닥에 뉘어서 건조

- 그늘에 건조
- 바닥에 뉘어서 건조

- 세탁 후 건조할 때 기계 건조할 수 있음

- 세탁 후 건조할 때 기계 건조할 수 없음

- 손으로 약하게 짬

- 손으로 짜면 안됨

〰 제작 방법

- 직조 라벨: 실을 짜서 만든 라벨로 고급스러운 느낌이 납니다. 실의 굵기와 색감, 바탕색 염색 횟수 등 여러 변수에 따라 조금씩 다르게 나옵니다.
- 실크(인쇄) 라벨: 라벨 테이프에 실크 인쇄를 하는 라벨입니다. 원재료에 잉크를 인쇄하는 방식으로 제작되기 때문에, 직조 라벨에 넣기 힘든 크기의 작은 글씨도 인쇄할 수 있다는 장점이 있습니다. 면을 사용해서 만드는 면테이프 라벨, 광택이 도는 리본 소재로 만든 주자 라벨 등 다양한 소재의 라벨을 제작할 수 있습니다.

지퍼

지퍼는 슬라이드 또는 헤드라고 부르는 손잡이 부분과 서로 맞물려 채워지는 이빨로 불리는 부분으로 구성됩니다. 3호, 4호, 5호… 등으로 부르며, 테이프처럼 둥글게 말린 지퍼 원단을 필요한 길이에 맞춰 잘라 이빨을 끼워 넣어 제작해 사용합니다. 지퍼 가게에 원단 스와치를 맡기고 필요 수량과 지퍼 종류, 호수를 말하면 원단 색과 맞춰서 지퍼를 염색할 수도 있어요. 최소 제작 수량은 보통 백 개 정도로, 적은 수량이 필요하다면 기성품 중에서 맞는 제품을 찾아서 사용하는 게 좋습니다. 사이즈가 큰 지퍼 호수를 사용하면 지퍼 이빨이 두꺼워져서 천과 연결했을 때 약간 뻣뻣한 느낌이 나요. 그래서 제품 디자인에 가장 잘 어울리는 사이즈가 무엇인지 고민하고 선택하는 것이 좋습니다. 지퍼의 종류에는 '메탈 지퍼', '비슬론 지퍼', '나일론 지퍼', '콘솔 지퍼'가 있습니다.

단추

단추는 지름 mm 단위로 구분하여 사용합니다. 카디건, 셔츠와 같이 의류에 사용하는 일반 단추는 옷의 소재에 맞는 단추 재질을 골라서 사용합니다. 똑딱이 단추라고도 부르는 스냅 단추는 4종류의 부품이 한 세트로 옷의 외투나 천가방에 주로 사용하며 전용 도구가 있어야 부착할 수 있습니다. 자석 단추는 가방에 주로 사용하는데, 칼집을 내어 다리를 꺾어 고정하는 형태로 네 가지 부품을 이용하여 부착합니다.

자석 단추

일반 단추

스냅 단추

금속 부자재

금속 부자재로는 고리 , 버클, 비조, 끈조리개, D링 등 다양한 연결고리가 있습니다. 끈 조절을 하려면 왈자조리개 또는 버클, 사각링이 필요하며 가방의 끈 폭과 동일한 너비로 맞춰야 합니다. 탈부착 가능한 끈을 만들려면 개고리와 D링을 가방 끝에 붙이면 됩니다.

스트링과 마감팁

스트링은 후드 집업이나 바지 허리 부분, 파우치 등에 들어가는 부자재를 말합니다. 끈을 말아둔 롤 상태에서 필요한 길이만큼 재단하여 사용해요. 끈의 마감 부분은 플라스틱팁, 컬러팁, 철팁 등 원하는 디자인으로 선택할 수 있어요.

웨빙

웨빙은 주로 가방에 사용하는 끈입니다. 면으로 된 끈부터 아크릴로 만들어진 끈, 여러 색상이 혼합되어 만들어진 끈 등 다양한 디자인이 있습니다. 끈의 넓이도 mm로 구성되어 디자인에 어울리는 끈을 사용하면 됩니다. 끈은 롤의 형태로 구입이 가능합니다.

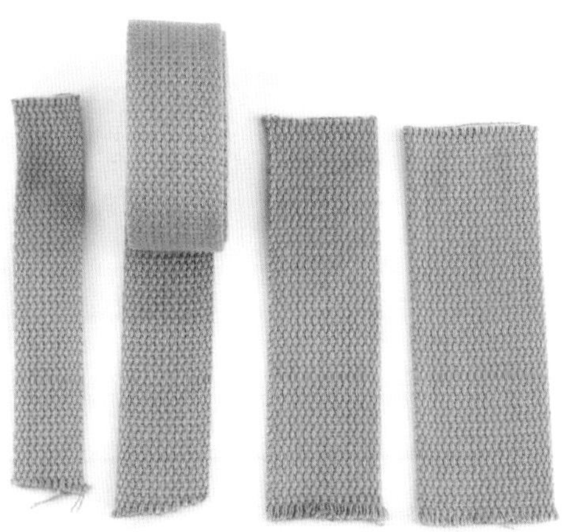

√

아트워크

나염(날염)

원단에 무늬나 이미지를 넣는 작업을 나염이라고 합니다. 나염은 실크 스크린 방식과 전사 방식, 원단에 직접 인쇄하는 방식이 있습니다.

- 실크스크린 방식: 졸나염, 라바나염, 실리콘(유성), 우레탄(수성), 발포나염, 안료나염, 메탈릭, 금분/은분, 야광나염, 망점인쇄, 후로킹, 후로피 등
- 프레스로 누르는 방식: 실사, 전사(승화전사, 스크린전사 등), 호일 등
- 원단에 직접 인쇄하는 방식: 디지털 프린트(DTP)

❶ 일러스트 파일 전달 및 컬러 지정

작업 이미지는 어도비 일러스트레이터(ai) 파일로 만들어 나염공장에 전달합니다. 파일을 보내는 방법은 크게 두 가지가 있는데, 웹하드에 올리거나 공장 이메일로 보내는 경우가 있어요. 공장에 어떻게 전달하면 되는지 물어보면 알려준답니다. 웹하드로 올리는 경우는 공장에서 알려준 아이디와 비밀번호로 로그인하고 들어가서 폴더를 만들어 파일을 올리면 됩니다. 제작물의 실제 사이즈로 작업을 하고, 파일명에도 이미지의 가로, 세로 사이즈를 함께 표기해 둡니다. 예를 들면, 35×50mm의 사이즈라면, 일러스트 파일에도 같은 사이즈로 맞추어 작업하고 파일명에도 ([회사명] 티셔츠01_가로35_세로50) 처럼 표기를 해두는 것이죠. 인쇄 컬러는 작업지시서에 표기해서 보내주면 됩니다. 팬톤 컬러나 CMYK 색상을 지정해서 전달하거나, 색상을 인쇄해서 실물로 전달하기도 합니다. 원단의 색상마다 나염의 색상이 다르다면 작업지시서에 잘 표기해서 보내야 해요.

❷ 도안 제판

보낸 파일을 토대로 공장에서는 판을 제작합니다. 이미지의 사이즈마다 판의 크기도 달라요. 인쇄 도수마다 판을 따로 제작하기 때문에 3가지 색상으로 인쇄하는 3도의 경우, 판도 3개를 만드는 것입니다. 판이 생각보다 부피가 크기 때문에 나염공장에서 모든 판을 다 보관할 수 없어요. 작업이 끝난 후 일정 기간이 지나면 폐기하게 됩니다. 그래서 샘플 작업을 하고 나서 오랜 시간이 지난 후 다시 공장에 찾아간다면 판을 새로 만들어야 하는 경우도 있습니다. 추가 제작을 할 계획이 있다면 공장에 판을 언제까지 보관해 달라고 얘기해 두어야 해요.

❸ 인쇄 위치 설정

작업지시서의 그림과 글을 기준으로 공장에서는 인쇄 위치를 설정합니다. 예를 들어 착용 기준 왼쪽 가슴에 들어가는 작은 로고가 있다면, 그림으로 위치를 표시하고 [위에서 20cm, 중앙에서 오른쪽으로 3cm 이동]이라는 글을 작성하여 위치를 지정합니다. 가이드를 토대로 공장에서 위치를 잡아주는데, 봉제 시접이 얼마인지 물어볼 수도 있어요. 특별한 디자인이 아닌 경우, 일반적으로 공장에서는 시접을 1cm로 잡아서 작업합니다.

❹ 샘플 제작

지정된 위치와 색상으로 샘플 인쇄를 진행합니다. 만약 샘플을 보고 나서 다른 이미지로 변경하거나 크기를 조정한다면, 판을 새로 제판해야 하기 때문에 나염 개발비가 추가로 들 수도 있어요. 그렇기에 도안의 이미지와 크기는 신중하게 선택해야 합니다.

❺ 발주

샘플에서 수정 사항을 반영해서 제작을 진행합니다. 나염은 대부분 염료를 조색하여 작업합니다. 실제 작업을 할 때 조색을 새로 하는 경우가 있어 샘플 색상과 정확하게 일치하지 않을 수도 있어요. 거의 비슷한 톤으로 나온다고 생각하면 됩니다. 색상에 민감한 경우는 염료를 사용하지 않는 디지털 프린트 방식을 쓰거나 전사로 작업을 하면 샘플과 동일한 작업을 할 수 있습니다.

실크스크린

천에 실크스크린으로 수작업하여 매력적인 굿즈를 만들기도 합니다. 인쇄 위치를 잡고 스퀴지(판을 미는 틀)로 눌러 찍는 간단한 방법으로 인쇄를 할 수 있습니다. 실크스크린의 장점은 수량에 관계없이 원하는 위치에 원하는 색상으로 이미지를 찍을 수 있다는 거예요. 인터넷에서 쉽게 제판을 맡기고, 스퀴지와 염료를 구입할 수 있어서 집에서도 실크스크린 작업을 할 수 있습니다. 단, 위치를 잡는 것과 스퀴지를 미는 힘에 따라서 불량이 많이 나올 수 있습니다. 실크스크린의 기초를 배울 수 있는 클래스를 온, 오프라인에서 쉽게 찾을 수 있으니 처음 작업한다면 먼저 수업을 들어보는 방법도 추천합니다.

❶ 실크스크린으로 만들고 싶은 이미지를 준비합니다.
❷ 도안 파일을 실크스크린 제작하는 곳에 맡깁니다. '실크스크린 제판'으로 검색하면 판을 온라인으로 쉽게 주문할 수 있습니다. 제판, 잉크, 스퀴지를 준비해 주세요.
❸ 천에 인쇄할 위치를 잡아주세요.
❹ 잉크를 도포해서 찍어줍니다.
❺ 건조를 시켜준 후에 드라이기나 다림질로 열을 가해줍니다.

√ **실크스크린 작업 주의 사항**

패브릭 굿즈에 실크스크린 작업을 할 때는 반드시 의류용 잉크를 사용하고,
작업 후에는 열처리해야 합니다. 다리미를 사용할 때는 얇은 천을 올리고 다림질을 해주세요.

자수

자수는 침수에 따라서 공임이 달라집니다. 침수는 바늘이 움직이는 횟수를 말하는데, 자수 크기가 커도 침수가 적으면 단가가 내려갈 수 있고, 크기가 작아도 침수가 많으면 비쌀 수 있죠. 면은 천이 늘어나면서 글씨가 찌그러질 수 있기 때문에 너무 작은 글씨는 자수로 놓기 어려울 수 있어요. 매끄러운 직기 소재, 바닥면이 늘어나지 않는 소재를 쓰면 작은 글씨를 표현할 수 있습니다.

~~ 종류

○ 직 자수: 원단 위에 바로 자수를 놓는 방법

○ 아플리케 자수: 펠트 등의 원단을 레이저로 커팅한 후, 테두리를 자수로 고정하는 방법

○ 와펜 자수(자수 패치): 와펜이나 패치 등의 부자재를 만들어서 덧대는 방법

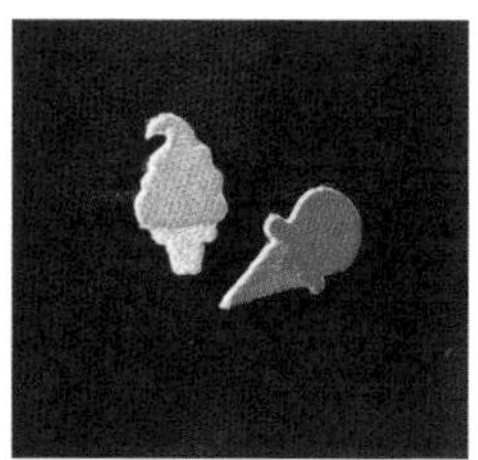

작업 과정

❶ 일러스트 파일 전달

자수 공장에 작업을 의뢰할 때 자수의 이미지를 어도비 일러스트레이터(ai) 파일로 준비해야 합니다. 이미지와 사이즈, 위치 등을 작업지시서에 적어야 합니다. 파일명에는 사이즈를 같이 표기하고, 메일에서도 사이즈와 중요 사항을 한 번 더 언급합니다. 작업지시서도 함께 전달하면 좋습니다.

❷ 펀칭 작업

파일을 전달하고 나면 자수공장에서 일러스트 파일을 자수 프로그램으로 변형하는 펀칭 작업을 준비합니다. 펀칭 프로그램에서 파일을 열면 자동으로 변환되는데요. 포토샵 마술봉 툴을 써보신 분들은 알겠지만, 깔끔하게 될 때가 있고 아닐 때가 있어요. 펀칭도 기본적인 프로그램으로 변환한 후 세밀하게 점의 위치를 바꿔가면서 다듬어가는 작업을 합니다. 까다로운 이미지는 처음부터 하나씩 점 좌표를 찍어가면서 펀칭을 하는 경우도 있습니다.

❸ 실 컬러 고르기

자수공장에 방문해 실의 컬러 북을 살펴봅니다. 가지고 온 도안 이미지와 유사한 실의 색을 컬러 북 안에서 찾아야 합니다. 실을 찾아서 하나씩 걸어주는데, 바늘마다 번호가 있습니다. 펀칭 프로그램에서 지정한 위치와 바늘의 번호를 꼭 매칭해서 걸어줘야 실수가 생기지 않습니다.

❹ 샘플 제작

지정한 위치에 천을 올려두고 자수 기계를 작동시키면 자수 샘플이 나옵니다. 한 번에 제품이 완성되는 경우는 드물죠. 샘플을 보고 난 후 사이즈나 간격을 조정하고 싶다면 다시 펀칭 프로그램에서 자수의 모양을 다듬은 뒤 기계의 입력 값을 바꾸고 샘플을 만듭니다. 공장에서 샘플 수정 작업을 진행합니다.

❺ 발주

최종 수정한 디자인을 적용하여 자수 작업이 진행됩니다.

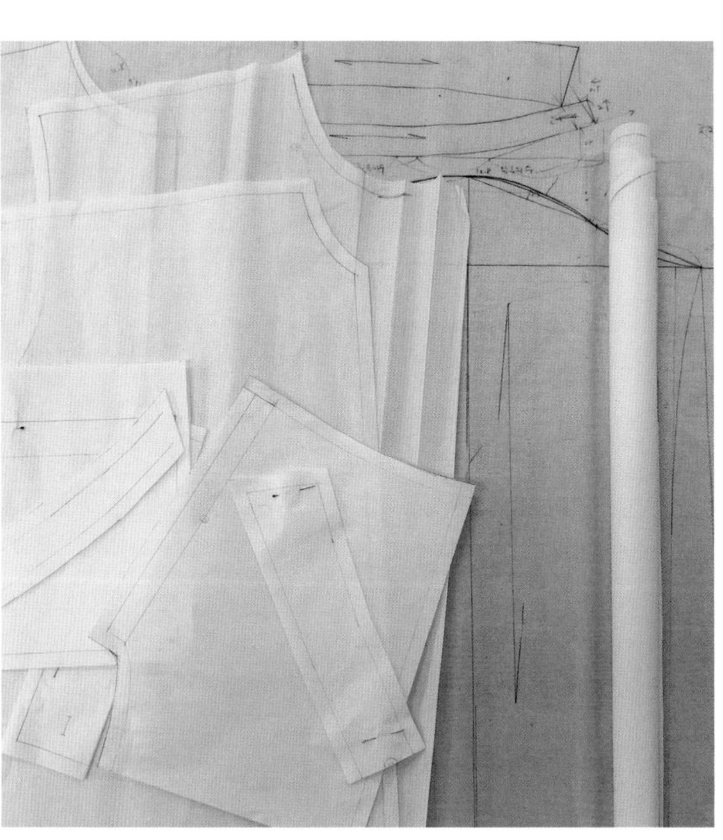

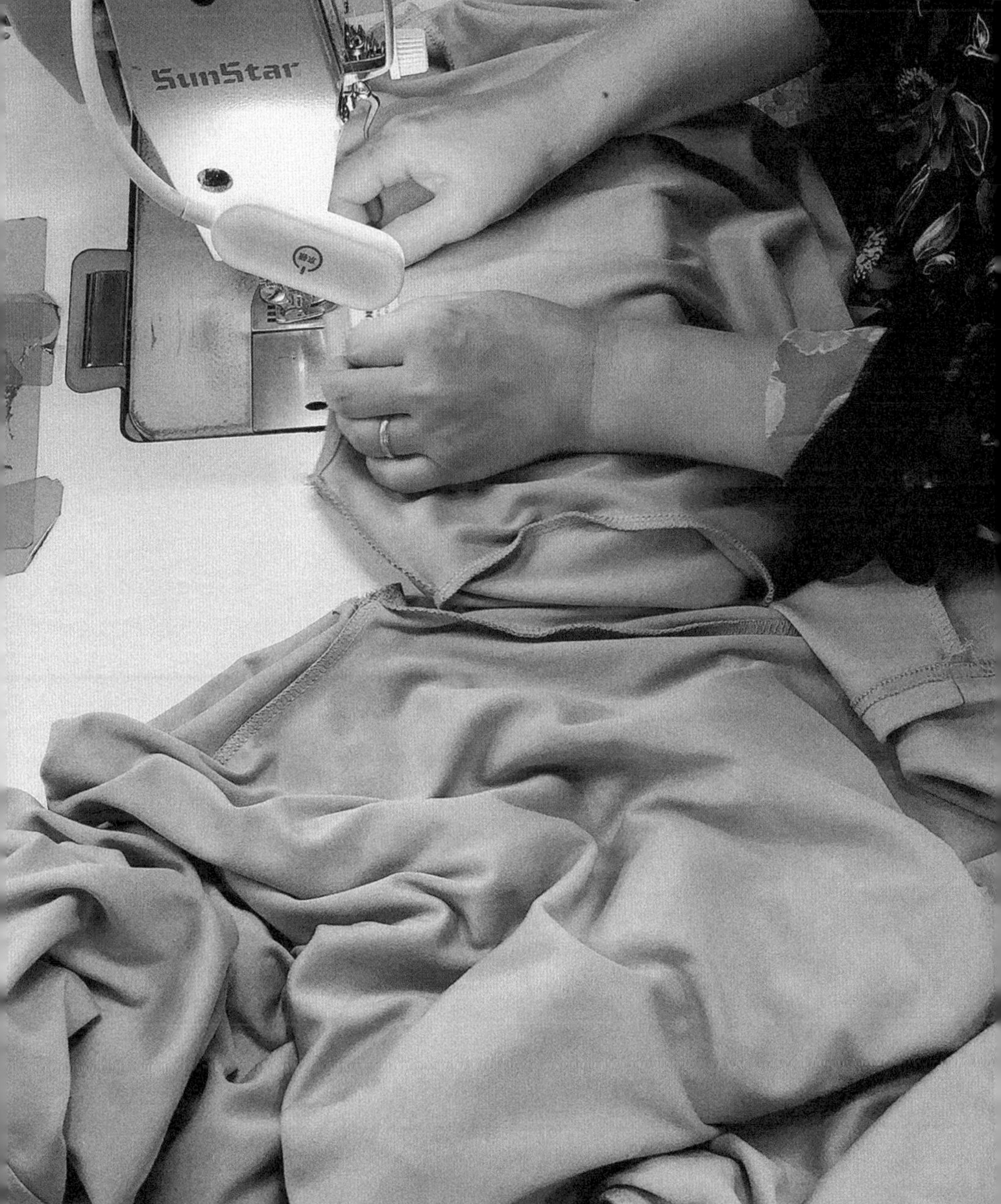
SunStar

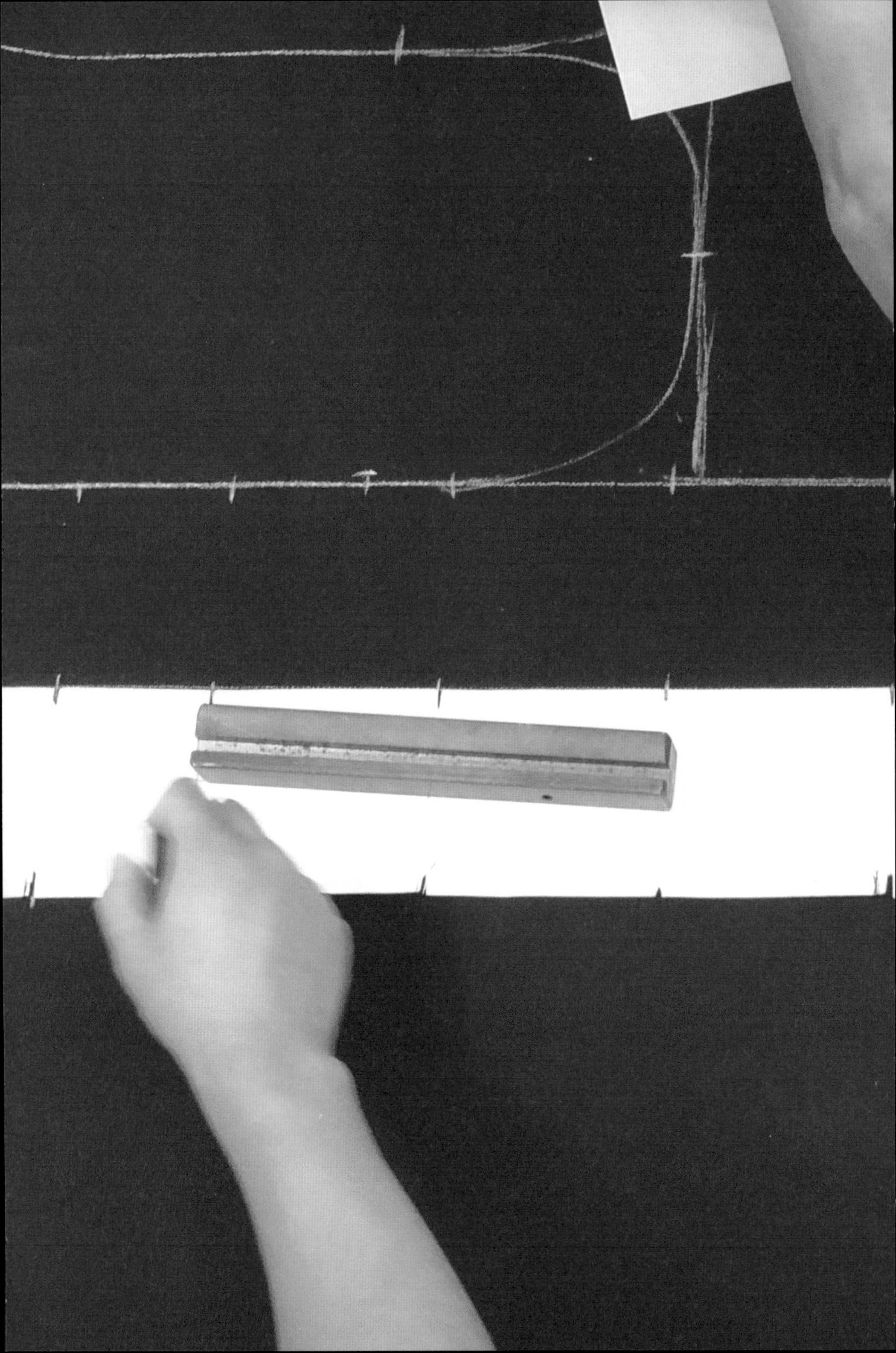

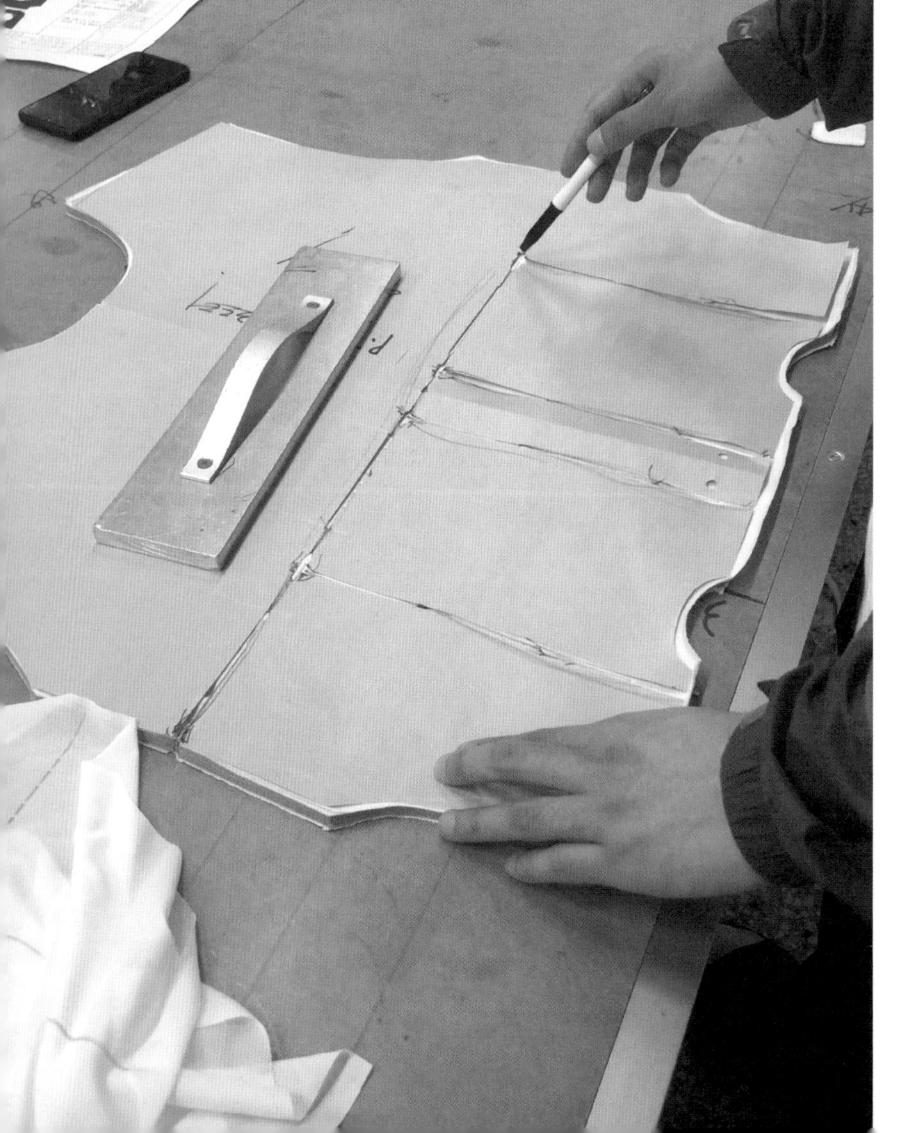

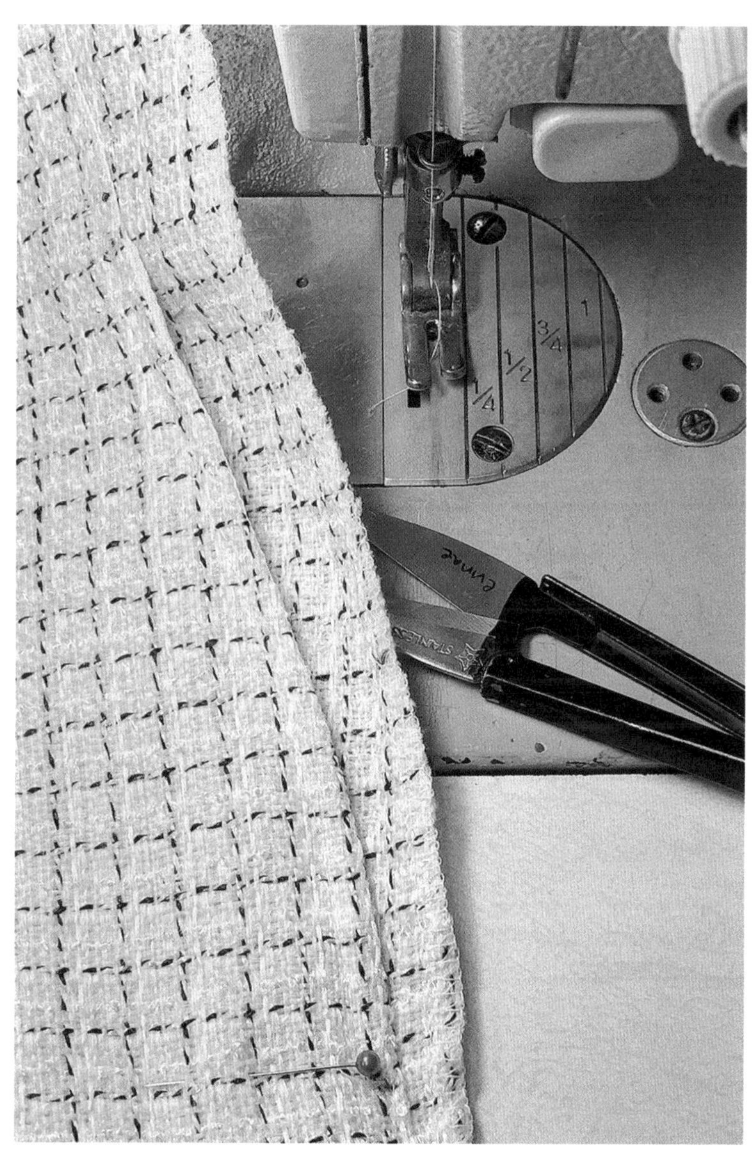
1
3/4
1/2
1/4

1
2
3
SWF
SWF
hiver
hiver
hiver

03

제작 실전

DO NOT WRING

NATURAL DRY

WARM IRON

√

반팔 티셔츠

제품 디자인

티셔츠 디자인은 네크라인과 슬리브 변형으로 다양하게 만들 수 있습니다. 네크라인과 슬리브로 기본 뼈대를 세운 후 세부적인 요소를 변경해 보세요. 똑같은 반팔 라운드여도 슬림핏인지, 오버핏인지에 따라 전혀 다른 느낌의 옷이 나오게 됩니다. 전공자가 아니라면, 처음 제품을 디자인하는 일이 막막하게 느껴집니다. 이럴 때 쉽게 시작하는 방법은 내가 원하는 핏과 유사한 티셔츠를 많이 구입해 보는 거예요. 여러 제품을 착용해 보고, 마음에 드는 요소와 부족한 점을 찾아보세요.

슬리브

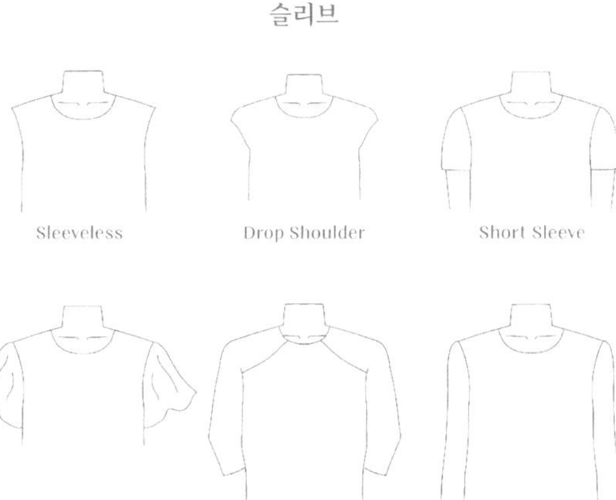
Sleeveless
Drop Shoulder
Short Sleeve
Circular Cap
Raglan
Long sleeve

네크라인

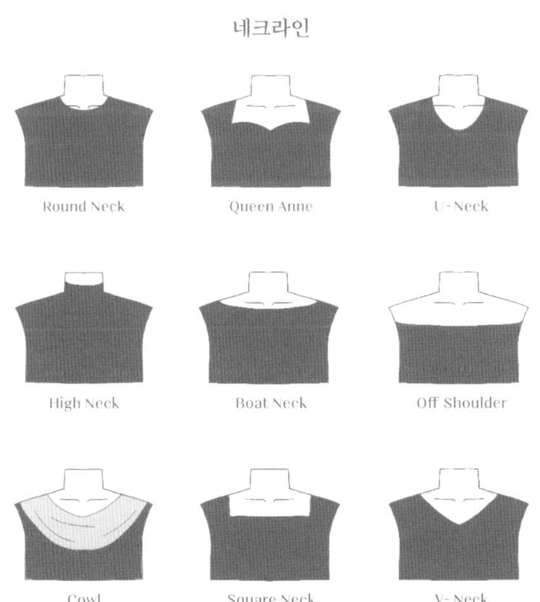
Round Neck
Queen Anne
U-Neck
High Neck
Boat Neck
Off Shoulder
Cowl
Square Neck
V-Neck

봉제 방법

티셔츠는 디자인은 물론 봉제 방법도 다양합니다. 반팔 티셔츠 네크라인에서 많이 사용하는 봉제 방법은 두 가지로 립 원단을 몸판 원단에 바로 연결하는 방법과 랍빠를 이용해서 두르는 방법이 있습니다. 특정 방법이 더 좋다는 것은 아니지만 어떤 디자인으로 만드는지에 따라 봉제 방법을 다르게 선택할 수 있습니다. 립은 신축성이 있는 편성물로 늘어나는 부분을 잡아주는 역할을 합니다. 원단 중에서는 립이 따로 나오지 않는 경우도 있어요. 그럴 때는 몸판과 같은 원단을 사용해 작업하기도 합니다. 몸판의 원단과 네크라인을 연결할 때, 두 장의 원단을 오버로크로 연결하는 게 기본 봉제법인데요. 립과 몸판을 오버로크로 연결한 부분을 보면 시접과 원단 부분이 살짝 떠 있습니다. 이 부분을 스티치로 한 번 더 눌러줄 수 있어요. 봉제선이 한 번 더 지나가면 좀 더 튼튼합니다.

티셔츠를 만들 때 '헤리 테이프'라는 테이핑 작업을 추가하는 방식을 추천합니다. 뒷목 쪽에 원단이나 바이어스 테이프를 덧대서 목이 늘어지는 것을 잡아주는 봉제 방법입니다. 어깨도 늘어나는 것을 방지하기 위해 어깨 테이프 또는 모빌론 테이프라고 부르는 투명 테이프를 넣기도 합니다. 티셔츠의 활동성을 높이기 위해 옆면에 트임을 넣기도 합니다.

위) 랍빠, 아래) 립

사이즈와 수량

프리 사이즈와 같은 단일 사이즈로 만들 것인지, S, M, L 등으로 세분화할 것인지 정합니다. 티셔츠는 여러 사이즈로 제작하는 경우가 많지만, 최소 제작 수량을 고려하다 보면 총 수량이 많아져서 고민이 많아집니다. 사이즈와 색상이 여러 개라면 제품별로 제작 수량을 고민해야 해요. 특정 사이즈와 색상의 제작 비율을 다르게 만들 수도 있습니다. 예를 들어 M 사이즈 수요가 더 많을 것으로 예상한다면 S:M:L의 제작 비율을 1:2:1로 제작해도 됩니다. 이때는 공장과 제작이 가능한지 미리 논의해 보세요.

√ 성인 여성복 표준 사이즈 (한국의류시험연구원 기준)

S: 가슴둘레 72~82cm, M: 가슴둘레 82~89cm,

L: 가슴둘레 89~98cm, XL: 가슴둘레 98~109cm

e나라 표준인증(standard.go.kr)에는 제작과 관련된 도움이 될만한 자료가 많이 있습니다. 사이트에 연령별에 따른 분포율도 나와 있으니 타깃에 맞춰 활용하기 좋습니다. 여성복과 남성복의 통계 기준은 서로 다릅니다. 여성복 치수는 엉덩이둘레를 기준으로 보고, 남성복은 허리둘레 기준으로 정해집니다. 국가마다 표준 사이즈가 다르니 해외 판매를 생각하고 있다면 해당 나라의 표준 치수를 함께 살펴보는 것을 추천합니다.

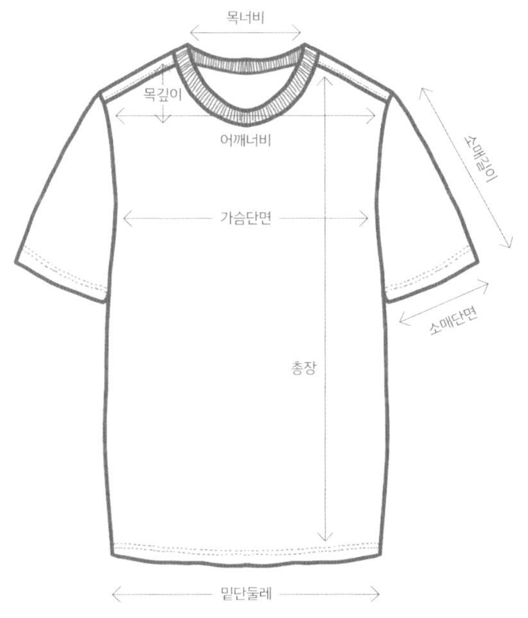
목너비
목깊이
어깨너비
소매길이
가슴단면
소매단면
총장
밑단둘레

스와치를 고를 때는 같은 소재라도 촉감이나 두께, 색감이 다르니 비교 군을 세 가지 정도 선택한 후 고르는 방식을 추천합니다. 사실 의류 제작비의 절반은 원단값이라고 해도 과언이 아닌데요. 그만큼 원단의 값이 생산 단가에 큰 영향을 줍니다. 좋은 재료로 만든 음식이 맛있는 것처럼 좋은 원단으로 만든 티셔츠의 품질이 더 좋을 수밖에 없습니다. 뒤틀림과 수축을 방지하는 텐타, 덤블 가공 등의 후가공이 된 소재가 공정을 더 거쳐서 비싸지만, 예산 범위에서 가능하다면 후가공이 된 소재를 선택하는 것이 좋습니다. 티셔츠 부자재로는 메인 라벨, 포인트 라벨, 케어 라벨 등을 준비합니다.

~~~ 반팔 티셔츠에서 자주 사용하는 소재

○ 면 100%: 반팔 티셔츠는 면 소재를 많이 사용합니다. 면은 30수 < 20수 < 10수 순으로 두꺼워지니 봄, 가을에는 10~16수의 두께를 사용하고 여름에는 20~30수를 많이 사용합니다. 10수 원단을 사용한 티셔츠는 비침이 없고 살짝 묵직하게 핏이 떨어지는 반면, 똑같은 패턴을

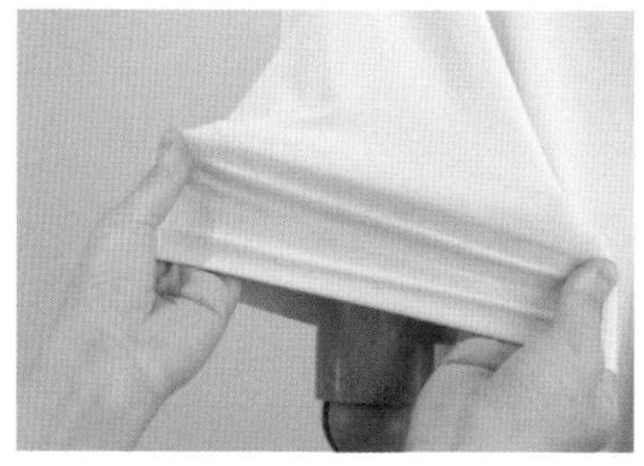

~~~

사용해도 조금 더 얇은 20수 원단을 사용하면 부드럽게 떨어지는 느낌이 듭니다.

○ 면 + 폴리에스터 혼방: 면에 폴리에스터가 혼방된 소재는 면 100% 소재보다 구김이 덜 가고 빳빳한 느낌이 들어요.

○ 면 + 모달 + 스판 혼방: 면에 모달, 스판 등이 혼방된 소재도 많이 사용하는데 모달이 섞이면 광택이 돌며 찰랑거리는 느낌이 들고, 스판이 섞이면 신축성으로 쫀쫀한 느낌이 듭니다.

아트워크

로고나 캐릭터 등 나염이나 자수 작업이 필요하다면 크기나 위치를 결정합니다. 가슴 전면에 큰 레터링을 넣을지 가슴 부위에 작은 로고를 넣을지, 나염으로 할지, 자수로 할지 고민이 될 때가 있죠. 이미지의 도수가 많고, 크기가 작은 경우라면 자수를 추천하고 이미지의 색이 단색이고 면적이 넓다면 나염을 추천해요. 원하는 영역에 아트워크를 넣을 수 있지만 봉제선과 너무 가까운 곳에 붙여버리면 바느질선에 이미지가 걸릴 수 있으니 시접의 여분을 고려해서 위치를 잡아야 합니다. 예를 들어, 목 뒷부분에 자수나 나염을 찍었는데 라벨을 달게 되면 봉제선이 겹칠 수도 있어요. 이런 부분을 고려해서 아트워크의 위치 및 크기를 선정하거나 봉제선의 위치를 변경할 수 있습니다.

작업지시서 작성

❶ 도식화

어깨선의 위치, 스티치 라인 등 디테일을 세밀하게 표현할수록 좋습니다. 네크라인에서 립을 다는 경우 소재를 알아볼 수 있도록 그려주면 좋습니다. 랍빠를 사용해서 다는 경우 그리기 힘들다면 '랍빠 작업'이라고 글자로 표기해도 됩니다.

❷❸ 원단과 사이즈

몸판과 립의 스와치를 부착하고 컬러를 각각 적어줍니다. 만약 립을 다른 색으로 배색한다면 각각의 원단과 립의 색을 알아볼 수 있도록 연달아 붙여주면 좋습니다. 제품 제작을 위해 필요한 사이즈를 상세하게 표기합니다.

❹ 부자재

세 가지의 라벨이 들어간다면 각각의 부착 위치를 표기합니다.

❺ 자수

자수의 이미지와 색상, 사이즈, 시작 위치 등의 정보를 표기합니다.

❻ 작업 주의 사항

작업 시 주의할 내용과 헤리 테이프, 스티치, 라벨 부착 위치 등을 적어주세요.

작업지시서

브랜드명:	제품명: 레떼 반팔 티셔츠	발주일:
담당자:	총 수량: 300장 (3 사이즈, 2컬러: 각 50장)	납기일:

❶

❷ 원단

품명	10수 싱글
색상	아이보리
폭	62-64인치
요척	0.8

❹ 부자재

메인 라벨	반접이 라벨 헤리 테이프에 끼워 넣어주세요
포인트 라벨	왼쪽 옆 겉면 밑에서 5cm 부착
케어 라벨	왼쪽 옆 속면 밑에서 5cm 부착

❸ 사이즈

	총장	어깨너비	가슴단면	소매길이	소매단면	밑단단면	암홀	목너비/길이
S	67	41	51	22	18	51	25	21/10
M	68	43.5	53	23	19	53	26	21.5/10.5
L	69	47	55	24	20	55	27	22/11

❺ 자수

색상	l	'	é	t	é
	1160	1161	1162	1163	1164
크기	세로 5.5cm, 가로 13cm				
위치	완성 기준 위에서 8cm 아래 시작, 중앙 정렬				

❻ 작업 주의 사항

샘플 제작

보통 반팔 티셔츠는 원단 2야드, 립 0.5야드 정도 구입하면 샘플 한 개를 만들 수 있습니다. 본 작업에서 요척이 1야드만 들더라도 샘플은 여분을 포함해서 2야드 정도 구매하는 것이 좋습니다. 원단 불량이나 샘플 작업 과정에서 패턴 수정 등으로 추가로 원단이 필요한 경우가 발생할 수 있어 처음부터 두 개 정도 제작이 가능한 양의 샘플 원단을 보내주는 것이 좋기 때문입니다. 다른 소재로 비슷한 컬러의 립을 사용한다면 몸판과 립의 색감이 다르게 나올 수 있으니 원단을 구매할 때 립 원단이 함께 나오는지 가게에 문의해보세요. 립이 나오지 않아도 제원단으로 대체할 수 있으며, 이 경우에도 원단 2야드 안에서 제작이 가능합니다. 작업지시서와 샘플, 원단과 부자재를 준비하고 나면 제작공장을 찾아봅니다. 공장에 가져갔을 때 패턴부터 작업해 주는 경우도 많지만 패턴을 따로 준비해서 가져가야 하면 샘플실에 찾아가서 패턴을 뜨면 됩니다. 공장마다 샘플 제작 기간은 상이하며, 보통 1~2주 내로 샘플을 받아볼 수 있습니다.

제품 생산

필요한 원단과 부자재의 양을 확인한 후 구매해서 생산공장으로 보냅니다. 필요한 원단의 양인 요척은 봉제공장에 문의하면 알려줄 거예요. 샘플에서 수정 사항이 있다면 작업지시서에 수정 내용이 잘 기록되어 있는지 반드시 확인합니다.

검품 및 포장

제품이 사이즈대로 잘 나왔는지 측정하고, 불량 제품이 있는지 검수하는 작업을 합니다. 편성물인 면 소재 특성상 쉽게 늘어나고 줄어들기도 하고, 측정 방법에 따라 차이가 있어 보통 1~2cm 정도는 오차범위 안에 있기도 합니다.

l'été
l'été

√

후드 집업

제품 디자인

반팔 티셔츠가 의류 제작의 기본이라면 후드가 들어간 옷은 신경 쓸 사항이 조금 많아집니다. 후드 집업은 모자, 립, 지퍼를 추가로 생각해야 합니다. 후드 집업에서 모자를 작게 만들면 모자를 썼을 때 이마 끝에 걸리게 됩니다. 그렇기에 타깃 평균 연령의 두상 크기를 고려해 살짝 넉넉하게 디자인해 주세요. 후드 집업은 안감이 있는 형태로 제작되는 경우가 있는데요. 두 겹으로 만들면 A, A, B, B의 4개 패턴을 만들어 재단하고 A는 A, B는 B로 합봉하여 봉제를 합니다.

사이즈

후드 집업은 만드는 디자인에 따라 오버핏과 슬림핏의 느낌이 달라 많이 고민하게 됩니다. 프리 사이즈로도 많이 제작하고 있는 옷이라서 S, M, L 등 사이즈를 여러 개로 만들 것인지, 남녀 공용으로 함께 입을 수 있는지 등 타깃을 명확히 하는 것이 중요합니다.

옷의 사이즈는 보통 어깨너비, 가슴단면, 총장, 소매길이를 측정합니다. 제작하고자 하는 사이즈를 표기해 보세요. 제품 사이즈 측정하는 방법은 생산공장이나 브랜드마다 다소 차이가 있을 수 있으니, 기준선을 명확하게 표시하거나 안내해 주면 오차를 줄일 수 있습니다.

옷을 제작할 때는 원하는 계열의 색감을 대략적으로만 선택한 후, 소재를 고르는 것이 좋습니다. 원하는 색상이 스와치에 없는 경우가 종종 있습니다. 스와치에 있는 회색을 펼쳐 붉은 느낌이 드는 회색이 있는지, 차가운 느낌이 드는 파란 계열의 회색이 있는지 살펴보며 고릅니다. 반드시 사용해야 하는 색상이 있다면 원단 가게에 문의한 후 주문 제작을 해야 합니다. 후드는 쭈리, 기모, 특양면 등의 소재를 많이 사용하는데 계절에 따라 두께를 다르게 선택합니다. 봄, 가을용 후드를 제작한다면 특양면이나 2단쭈리를 사용하고, 겨울용 후드를 제작한다면 3단쭈리, 해비쭈리, 기모 등의 소재를 선택합니다. 소재마다 촉감이나 두께가 다르고 후가공 여부도 다르기에 스와치를 보고 고르는 게 좋아요.

~~~ 후드 집업에서 자주 사용하는 소재

○ 쭈리: 쭈리는 편직하는 방법 중 하나로 싱글저지, 프렌치 테리, 쯔리라고도 부르는 소재입니다. 미니쭈리, 2단쭈리, 3단쭈리, 해비쭈리, 기모쭈리 등 두께감과 후가공에 따라 다양한 종류가 있습니다.

○ 특양면: 특양면은 안감과 겉면의 짜임이 같은 것이 특징인 소재입니다. 면 60% + 폴리 40% 혼방으로 제작되는 경우가 많습니다.

○ 특양면 기모: 특양면 소재의 표면을 살살 긁으면 잔털이 일어나면서 부피가 두꺼워지는데요. 솜털처럼 복슬복슬하게 안쪽 면에 잔털을 만드는 기모가공(Napping)을 해서 보온성을 높인 소재가 특양면 기모입니다. 스와치에는 특기모라고 써 있기도 합니다.
~~~

쭈리

쭈리 기모

특양면

특양면 기모

립

후드의 소매와 밑단 부분에서 자주 볼 수 있는 신축성 있는 편성물 소재를 립이라고 합니다. 립은 늘어나는 부분을 잡아주는 역할을 하며 시보리 또는 립뽀라고 부르기도 합니다. 한 코씩 교차된 1×1(원바이원) 립이 있고, 두 코와 한 코씩 교차된 2×1(투바이원) 립, 두 코씩 교차로 짜여 있는 2×2(투바이투) 립 등 원단마다 나오는 종류가 달라요. 사용할 수 있는 립의 종류가 여러 가지고, 선택이 가능하다면 신축성이 좋은 소재를 사용하는 것을 추천합니다. 기본 티셔츠의 경우에는 몸판 소재의 특성과 디자인에 따라 립 원단을 사용하는 경우도 있고 제감으로 제작하기도 하는데요. 스웨트 셔츠(맨투맨)를 제작하는 경우는 기본적으로 네크라인, 소매, 밑단에 모두 립을 사용하는 디자인이 많기에 원단을 선택할 때 립이 함께 나오는지를 확인해야 합니다. 립 주문은 몸판 원단을 주문할 때 원단 가게에 몸판 원단과 같은 탕의 립을 넣어달라고 요청하면 가장 잘 맞는 소재로 추천해 줄 거예요.

끈

끈은 넓은 끈(납작 끈), 둥근 끈(통 끈)의 형태가 있으며, 짜임에 따라 두께가 다르고 다양한 종류가 있습니다. 동대문종합시장이나 동화시장에서 기성품으로 만들어진 끈을 쉽게 구입할 수 있고 원하는 종류의 끈이 없다면 맞춤 제작을 맡길 수 있어요. 끈 가게에서는 롤 단위로 판매하는데 원하는 길이에 맞춰 잘라서 사용할 수 있습니다.
후드 집업은 모자의 둘레를 재고 끈이 어디까지 나오는지 길이를 정하면 됩니다. 끈을 싹둑 자르면 끝부분이 살짝 풀린 빈티지한 느낌으로 나오게 되는데 제품 디자인에 따라 깔끔하게 정돈된 끈을 맞추고

립

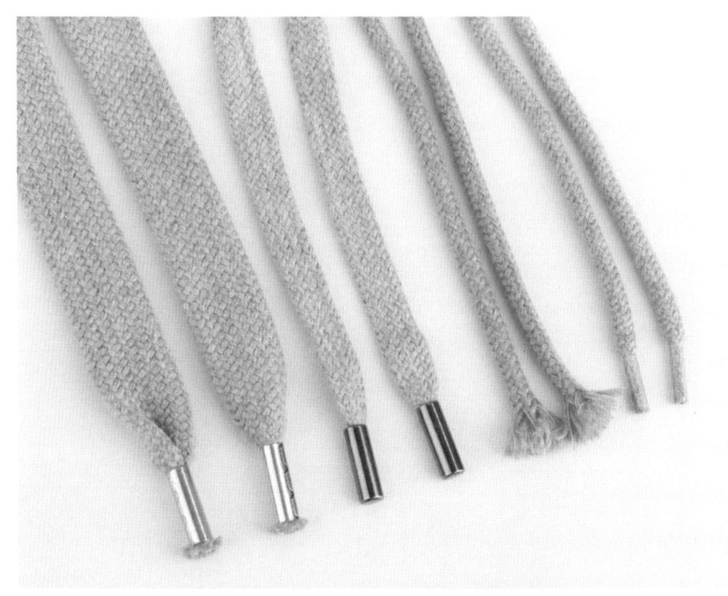

위) 모자 끈, 아래) 지퍼

싶다면, 마감 부분에 팁을 씌워서 만들 수 있어요. 플라스틱팁이나 철 팁을 추가해 깔끔하게 마무리하면 됩니다.
사용할 원단 스와치를 잘라가면 끈 가게에 있는 컬러 칩과 색을 맞춰 볼 수 있습니다. 예를 들면 빨간색 후드 끈을 맞출 때 빨강 계열 안에 여러 가지 톤이 있어 스와치를 반드시 가져가는 것을 추천합니다.

지퍼

지퍼는 이빨의 종류에 따라 이름이 다릅니다. 이빨이 쇠로 되어 있다면 메탈, 플라스틱 이빨은 비슬론, 나일론 재질로 촘촘하게 박혀 있는 나일론 지퍼가 있습니다. 나일론 지퍼는 줄지퍼라고도 부르는데, 지퍼 끝부분에 마감을 하지 않고 잘라서 쓰는 경우도 있습니다. 지퍼는 보통 인치로 측정합니다. 기성 제품은 인치 단위로 판매하고 길이 맞춤 제작도 가능합니다. 맞춤 제작은 보통 백 개 이상부터 가능하며 적은 수량이 필요하다면 기성 제품의 길이를 사용하기도 합니다. 지퍼의 길이에 맞춰 후드 집업의 총장이 변경되기도 합니다. 지퍼를 올리고 내리는 부분인 슬라이더에도 다양한 디자인이 있습니다. 맞춤 제작을 할 때는 원하는 슬라이더를 고를 수 있어요.

~~~~ 모자 구멍 마감

후드 집업에서 모자를 보면, 끈이 나오는 부분은 원단에 구멍을 내서 끈이 나오는 길을 만들어줍니다. 구멍을 마감하는 방법이 여러 가지가 있는데요. 나나이치라는 단춧구멍을 만들어서 원단의 올풀림을 정리하는 방법도 있고, 아일릿이라는 작은 금속링을 달아 마감하는 방법도 있습니다.

~~~~

아트워크

후드 집업에도 나염을 찍거나 자수 작업을 많이 합니다. 자수는 원단에 바로 자수를 놓는 직 자수와 패치를 만들어 옷에 부착하는 방법이 있습니다. 자수 디자인이 복잡하거나 글씨가 하나씩 떨어져 있다면 패치로는 작업하기 힘듭니다. 그래서 글씨나 로고가 서로 이어져 있지 않으면 직 자수로 작업을 하게 되는데요. 직 자수는 원단에 자수를 놓기에 떨어질 위험이 없지만 안쪽 면에 자수 뒷면이 보입니다.
와펜 자수는 따로 제작하여 원단에 박음질하여 부착하는 방식입니다. 패치를 만들어서 테두리 모양으로 박음질을 하는데요. 한 가지 디자인의 패치를 제작해 여러 가지 제품에 일관성 있게 부착할 수 있고, 한 번에 많이 만들면 제작 단가를 낮출 수 있어서 좋습니다. 지저분한 직 자수 뒷면 때문에 깔끔하게 마무리되는 패치를 선호하기도 합니다.

√ **부자재 영수증 보기**

품목의 '48사 10합'이 끈 종류입니다. 멜란지(회색)과 핑크색 두 가지 끈을 염색하여 주문 제작해 끈 가격 25,000원에서 염색비 40,000원이 추가되었습니다. 끈 길이는 137cm, 수량은 125개, 니켈(철팁) 마감했고, 재단비와 철팁 마감 비용이 개당 320원이 추가되었습니다. 이런 식으로 기본 끈 + 염색 + 재단 및 팁 마감 비용으로 끈의 부자재 비용이 결정됩니다. 끈은 롤로 작업하기에 한 롤당 100야드가 감겨 있다면 9,144cm 정도가 나옵니다. 내가 원하는 길이가 137cm라면, 9144÷137=66.7개니까 한 롤로 끈이 66개가 나옵니다. 만약 원하는 수량이 100개라면 두 롤로 작업해야 하고, 132개가 나오면 100개를 쓰고 32개는 여유 수량으로 가지고 있게 됩니다. 로스 없이 딱 맞게 100개만 제작하고 싶다면 롤에 맞춰 끈 길이를 조절하여 사용해서 맞추면 됩니다. 비용을 줄이려면 이런 숫자 계산을 잘해야 해요.

<예시>

영수증			
NO.			귀하
작성년월일	공급대가총액		비고
2021. .	₩		
위 금액을 영수(청구)함			
품목	수량	단가	공급대가(금액)
48사 10합	100y	250	25,000
염색	1색		40,000
멜란지	100y	300	30,000
137 니켈	125	320	40,000
		=	135,000
		부가세	13,500
		합계	148,500

작업지시서 작성

❶ 도식화

로고의 위치와 크기가 잘 보이도록 제품을 도식화합니다. 라벨, 모자, 끈 등의 디테일이 잘 보이도록 표현하면 좋습니다.

❷ 원단

몸판과 립의 스와치, 컬러를 각각 적어줍니다.

❸ 사이즈

가슴단면, 총장, 어깨너비, 소매길이를 사이즈별로 표기합니다. 사이즈를 글로 나열하는 것보다 표를 작성하는 것이 알아보기 쉬워 공장과 의사소통이 원활해집니다.

❹ 부자재

끈, 지퍼, 라벨 등 부자재 정보를 기입합니다. 끈의 길이와 색상, 지퍼의 길이, 종류 및 색상, 라벨의 종류 등 상세 정보를 적어주세요.

❺ 자수

자수의 이미지와 색상, 사이즈, 시작 위치 등의 정보를 표기합니다.

❻ 작업 주의 사항

봉제 시 주의할 내용을 표기합니다. 헤리 테이프, 스티치, 라벨 부착 위치 등을 적어주세요.

작업지시서

브랜드명:	제품명: 리베후드	발주일:
담당자:	총 수량: 오트밀 100장, 그레이 100장, 총 200장	

❶

❷ 원단

품명	3단쭈리
색상	오트밀, 그레이
폭	60-62인치
요척	1.2

품명	립
색상	오트밀, 그레이
폭	33인치
요척	0.3

❸ 사이즈

	A	B	C	D	E
Free	66	60	59	54	10
	F	G	H	I	
	59	30	28×38	26×14	

❹ 부자재

스트링	7합 납작 145cm 흑니켈 팁
라벨	메인 라벨, 포인트 라벨
지퍼	15인치, 5호 니켈

❻ 작업 주의 사항

* 모자 2겹, 모자구멍 나나이치

* 손목 립은 길게 해주세요.

❺ 자수

시안	Thiver
색상	1372번 175번
크기	가로 17cm × 세로 4.1cm
위치	위에서 8cm 중앙 정렬

l'hiver

샘플 제작

후드 샘플 한 개를 만들기 위해서 샘플 원단 2야드와 립 0.5야드를 주문합니다. 작업지시서와 원단, 패턴, 샘플 등을 샘플실 또는 봉제공장으로 보냅니다.

제품 생산

후드를 제작할 때 원단과 립, 모자 끈, 라벨, 지퍼까지 필요한 원단과 부자재를 구매해서 생산공장으로 보냅니다. 원단과 부자재를 구매할 때는 불량률을 고려해서 약 5%의 여분을 함께 챙겨서 보내주면 좋습니다. 발주에 들어가기 전에 기획한 디자인으로 아트워크의 크기와 위치가 알맞게 설정되었는지 확인하고 진행합니다.

검품 및 포장

완성품이 나오면 총장, 어깨너비, 가슴단면, 소매길이 등 작업지시서에 기록한 크기로 제품이 나왔는지 확인합니다. 제품의 색상과 사이즈가 여러 가지라면 제품별로 수량이 제대로 나왔는지 체크합니다.

L'ÉCHAPPÉE

√

천 가방

제품 디자인

천 가방도 다양한 디자인이 있습니다. 크게 숄더백, 크로스백, 토트백으로 나눌 수 있어요. 노트북을 수납할 정도로 큰 사이즈로 만들 것인지, 수납 칸이 많은 디자인으로 할 것인지, 가볍고 작은 가방을 만들 것인지 등 제품 디자인 고민이 필요합니다.

~~~ 브랜드 컬러를 포인트로 사용하기(톤온톤tone on tone)

브랜드 컬러로 굿즈를 만들 때 색감으로 포인트를 주는 방법은 여러 가지가 있습니다. 그 중 톤온톤 방법은 동일 색상 내에서 톤의 차이를 두어 배색하는 것을 말합니다. 예를 들어 브랜드 컬러가 주황색이라면 주황색과 어우러지는 톤 다운된 브라운 색감을 활용하는 것입니다. 브라운 컬러는 코디하기에도 쉽고 주황색의 로고를 더욱 돋보이게 해주어 조화롭게 예쁜 색감으로 활용하기 좋습니다.

부자재 컬러로 포인트 주기

천 가방이나 파우치를 만들 때 지퍼의 색상과 라벨의 색상을 하나로 통일해 완성도 높게 만드는 방법을 추천합니다. 넓은 면적에서 특정한 색으로 포인트를 준다면 감각 있는 제품으로 완성될 거예요. 끈과 레터링 컬러 포인트를 맞추는 방법도 많이 사용합니다. 실의 색을 맞춰 스티치로 포인트를 주는 방법도 좋습니다.

포인트 아이템 추가하기

액세서리 같은 포인트 아이템을 장착하는 방법입니다. 바이어스 테이프를 끼워 넣어 열쇠고리를 달아준다거나, 와펜 같은 부자재를 부착하는 것도 좋겠죠. 무난한 디자인도 포인트 하나를 넣어주면 유니크한 디자인으로 바뀔 거예요.

끈 부착은 가방 끈을 안쪽에서 부착하는 경우와 바깥쪽에서 부착하는 방법이 있습니다. 디자인에 따라서 부착하는 방법이 다르고, 원하는 방법으로 부착해 달라고 공장에 전달하면 됩니다. 그래서 작업지시서에 선으로 제대로 표시해 주어야 해요. 오른쪽 이미지에서 끈 부분을 잘 보면, 왼쪽 가방은 겉에서 끈을 부착한 모습을 표현한 도식화이고, 오른쪽 가방은 안쪽에서 끈을 부착한 가방의 도식화입니다. 완성선은 실선으로 봉제선은 점선으로 표현하는데, 선을 잘못 그리는 경우 공장에서 도식을 잘못 이해해서 절개를 넣거나 반대로 부착하는 일이 생길 수 있으므로 주의해서 그려야 합니다.

가방 끈 사이의 너비도 지정할 수 있어요. 가방의 중심선을 기준으로 끈의 너비를 잡아주면 됩니다. 시접을 아는 경우 끈 길이를 재단 길이 기준으로 표기해도 되는데, 제작이 처음이라면 가방을 완성했을 때 기준으로 보이는 끈 길이가 몇 센티미터인지 정확하게 표기해 주어도 됩니다. 작업지시서에 끈 길이를 잰 기준이 보이도록 표기하면 더욱 좋겠죠. 오른쪽 이미지로 설명하자면 끈이 끝나는 기준까지 모두 포함해서 60cm인지, 끈 자체의 길이만 60cm인지 표시에 따라서 총 재단 길이도 달라질 수 있어요.

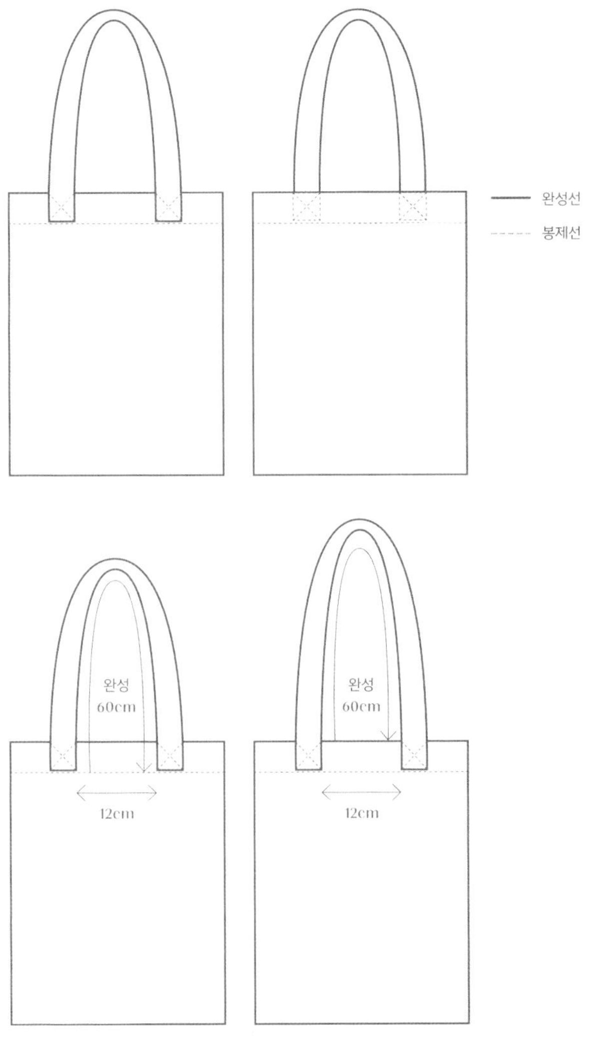
완성선
봉제선
완성
60cm
12cm
완성
60cm
12cm

쥬뜨
옥스퍼드
캔버스
헤링본
캔버스

20수 옥스퍼드
10수 트윌
10수 3합 캔버스
30수 트윌
10수 2합 캔버스
트윌안감

원단 및 부자재

옥스퍼드, 캔버스, 트윌 등 천 가방을 만들 때 사용할 수 있는 소재는 다양합니다. 소재를 고르는 게 어렵다면 어떤 원단을 좋아하는지 기준을 세워봅니다. 너무 얇지 않은 원단, 만지는 느낌이 부드럽고 광택이 없는 원단, 물 빠짐이 없는 원단 등 선호하는 소재의 기준을 정해두고 기획한 디자인에 어울릴만한 소재를 찾는 방법을 추천합니다.

~~~~ 천 가방에서 자주 사용하는 소재

- 옥스퍼드: 부드럽게 떨어지는 느낌의 천 가방을 만들 땐 옥스퍼드 소재를 자주 사용합니다.
- 캔버스: 각진 느낌을 살리고 싶을 땐 10수 3합 이상의 두께감의 캔버스 소재를 사용합니다.
- 트윌: 각 잡힌 느낌을 살리려면 7수, 흐물거리는 부드러운 느낌을 내려면 10수의 두께감으로 사용합니다.
- 폴리, 나일론: 가방의 안감으로 자주 사용합니다.

~~~~ 부자재

천 가방에 많이 사용하는 끈은 웨빙과 제감끈이 있습니다. 웨빙이라 불리는 끈을 따로 구입해서 가방에 부착하면 되고, 가방 몸판과 동일한 원단을 잘라 제감끈을 만들어 부착하는 방법이 있습니다. 제감끈은 가방 몸판의 색상과 맞출 수 있고 13mm처럼 원하는 폭으로 맞춤 제작할 수 있는 장점이 있습니다. 물론 특수 사이즈인 경우에는 끈을 뽑는 랍빠를 맞춤 제작해야 하기에, 공장에 원하는 너비의 랍빠가 있는지 미리 확인합니다. 예를 들어 18mm 폭으로 끈을 만들고 싶은데 공장에서는 20mm 폭으로만 제작이 가능하다면 20mm 사이즈로 조정하게 될 수도 있습니다.

아트워크

천 가방에서 나염의 위치를 잡을 때, 중심을 잘 잡는 것이 중요한데 가방 디자인에 따라서 만들었을 때와 착용했을 때 중심선이 달라지기도 합니다. 예를 들어 밑면이 있는 가방을 만들었을 때 가방의 원단이 얇아서 아래로 축 처지는 디자인이라면, 세로의 중심선을 조금 더 아래로 잡아서 제작해야 아트워크가 가방 중심에 들어오게 되는 거죠. 샘플을 작업하고 나서 나염 위치를 확인할 때는 가방에 물건을 넣어보고 중심이 맞는지 확인합니다. 위치 조정이 필요하다면 작업지시서에 수정 사항을 표기해 두고, 나염 위치를 변경해서 본 작업을 할 수 있도록 전달하면 됩니다. 시접의 길이를 포함해서 인쇄 위치를 정하기 때문에, 작업지시서에 완성 기준으로 어느 정도 위치에 나염이 들어가는지만 제대로 표기해 주면 됩니다.

작업지시서 작성

❶ 도식화

예시에서는 제품의 앞, 뒷면에 각각 나염과 자수가 들어가는 제품이라 가방의 앞/뒷면을 모두 그려주었습니다. 한쪽 면에만 아트워크가 들어간다면 앞면만 그리고 뒷면은 없음 또는 무지라고 표기해 주세요.

❷❸ 원단과 사이즈

원단의 품명, 색상, 폭, 요척 등의 정보를 기입합니다. 사이즈는 완성 제품의 길이, 끈 길이, 속주머니 크기 등 세부적인 치수도 작성해 주세요.

❹ 부자재

웨빙 끈, 라벨 등 필요한 부자재의 정보를 기재합니다. 끈의 폭과 색상 같은 정보를 기입해 두면 공장에서도 쉽게 확인할 수 있어요.

❺❻ 자수와 나염

아트워크의 크기와 위치를 표기합니다. 색상이 여러 가지라 작업지시서에 모두 표기하기 어렵다면 일러스트(ai) 파일에 작성합니다. 특정 색상을 원한다면 팬톤이나 CMYK 컬러 값을 표기하면 보다 정확한 색상으로 인쇄할 수 있습니다.

❼ 작업 주의 사항

끈과 몸판 연결 부위에 X자 봉제로 튼튼하게 박거나, 라벨을 부착하는 등 주의할 점이 있다면 표기해 줍니다.

작업지시서

브랜드명:	제품명: 천 가방	발주일:
담당자:	총 수량: 250개	납기일:

❶

❷ 원단

품명	캔버스 10수 2합
색상	브라운
폭	58인치
요척	0.3

❸ 사이즈

	가로	세로	끈길이 (완성)	
Free	33	40	65cm	

❹ 부자재

웨빙	폭 25mm, 밤색
라벨	반접이 1개

❺ 자수

시안	도식화 참고
색상	ai 파일 참고
크기	가로 7cm, 세로 6cm
위치	오른쪽 하단, 아래/오른쪽에서 4.5cm 띄움

❻ 나염

시안	도식화 참고
색상	주황색 1도 인쇄 (M53, Y100)
크기	가로 18cm, 세로 13cm
위치	가로 세로 중앙

❼ 작업 주의 사항

* 제품 개별 포장해 주세요.
* 라벨은 제품 안쪽 면에 부착해 주세요.
* 끈 X자 봉제, 실 색상은 원단에 맞춰주세요.

천 가방 샘플 원단은 보통 1야드 정도 준비하면 되는데, 원단 폭이 좁거나 가방의 크기가 크다면 2야드를 준비합니다. 샘플을 두어 번 만들 계획이라면 부족한 것보다는 넉넉하게 준비하는 것이 좋습니다. 아트워크 작업을 하는 경우는 봉제공장에서 함께 작업하는 공장이 있는지 확인해 보세요. 거래처가 있는 경우에는 소개받아서 조금 더 수월하게 작업할 수 있습니다. 특별히 원하는 아트워크 작업이 있거나 따로 알아본 업체가 있다면 봉제공장에서 재단한 재단물을 가지고 나염, 자수공장에서 샘플을 해온 뒤 공장에 가져다주면 됩니다. 작업 시 주의 사항이 있다면, 샘플 작업할 때 공장 사장님께 한 번 더 안내해 주세요.

√ **나염 위치 조정**

재단물 기준에서 중앙 정렬에 맞췄어도 가봉을 하고 나면 중앙이 아닌 경우가 있습니다. 시접과 부자재 작업이 들어가면서 중심이 이동했기 때문이죠. 그래서 샘플을 보면서 아트워크가 원하는 위치에 올바르게 작업되는지 반드시 확인해야 합니다.

제품 생산

샘플 작업을 하고 나면 공장에서 요척을 알려줄 거예요. 필요한 수량만큼 원단과 부자재를 구매해서 공장에 보내주면 됩니다. 요척을 계산하는 방법은 공장마다 조금씩 차이가 있어요. "요척이 0.5다"라고 이야기하는 곳이 있고, "50cm에 한 개가 나온다", "1야드에 가방이 두 개가 나온다"처럼 요척의 양을 말해줍니다. 총 구매해야 하는 원단의 양을 모르겠다면 "제가 백 개를 제작하려고 하는데 그럼 얼마나 구입하면 될까요?"하고 공장에 다시 물어보세요. 발주 전에는 작업지시서의 내용을 반드시 확인하고 진행합니다.

검품 및 포장

작업지시서에 맞게 제품이 잘 나왔는지 검수합니다. 투명 봉투를 사용해서 포장할 때 사이즈가 너무 큰 것을 사용하면 보관하다가 비닐이 구겨질 수 있습니다. 제품의 디자인과 크기에 어울리는 포장 방법을 선택하면 브랜드 이미지에도 도움이 될 수 있으니 포장에도 신경을 써주세요.

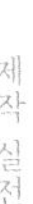

everything's gonna be alright

√

파우치

제품 디자인

파우치는 지퍼 파우치와 끈 파우치 두 가지가 가장 대표적인 디자인입니다. 소재, 아트워크, 라벨, 부자재도 고민하여 디자인합니다.

~~~~ 지퍼 파우치

평면적인 디자인에 지퍼를 다는 것이 일반적인 지퍼 파우치의 모양이지만 지퍼의 위치는 자유롭게 조절할 수 있어요. 지퍼는 대부분 인치 단위로 판매하기 때문에 특별하게 사용하고 싶은 지퍼가 있다면 지퍼 길이에 맞춰서 파우치의 사이즈를 조정하기도 합니다.
~~~~

끈 파우치

끈 파우치는 끈이 지나가는 자리인 '끈 터널'을 고려해야 합니다. 끈 터널의 높이를 끈 두께보다 넉넉하게 제작하면 끈을 당겼을 때 부드럽게 조여집니다. 샘플을 제작하고 나서 끈을 당겼을 때 끈 조임이 뻑뻑하다면 터널의 높이를 조절해 주세요.

파우치 끈은 파우치를 완성한 후 맨 마지막에 끼우게 됩니다. 파우치에 끈을 끼우는 방법은 끈을 하나만 넣어 한쪽만 당길 수 있게 하는 방법과 끈 두 개를 넣어 양쪽에서 끈을 당기는 방법이 있습니다. 두 개의 끈이 들어가는 복주머니 파우치는 한쪽에서 끈을 넣어 한 바퀴 돌린 후 끈을 빼고, 반대쪽도 똑같이 끈을 넣어 양쪽에서 끈을 당기게 됩니다.

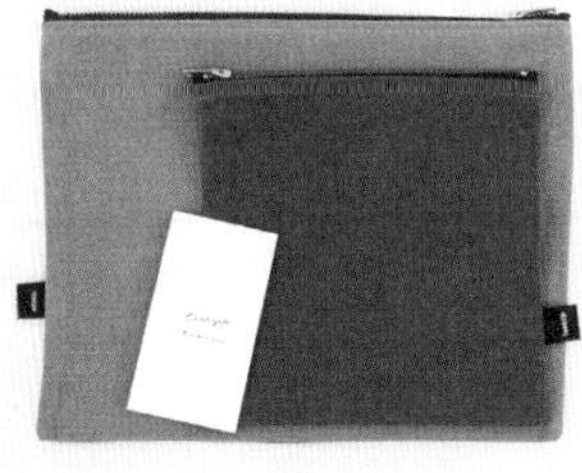

파우치도 다양한 소재와 부자재를 사용하여 제작합니다. 단색의 옥스퍼드와 트윌 원단에는 나염과 자수의 아트워크를 주로 사용하여 감성적인 파우치를 만듭니다. 골덴, 체크, 헤링본 등의 패턴이나 질감이 있는 원단을 사용하여 천에 포인트를 주기도 하는데요. 천 자체에 무늬가 있어 아트워크를 넣기보다 브랜드의 라벨만 부착하는 디자인이 많습니다. 직접 찍은 사진이나 그림을 패턴화하여 원단에 인쇄해주는 업체도 있습니다. 원단은 1마 단위로 인쇄할 수 있어서 캐릭터나 일러스트를 활용하여 개성 있는 파우치를 만들기도 합니다.

끈 파우치의 끈은 디자인에 따라서 다양하게 사용할 수 있습니다. 면테이프를 사용하기도 하고, 후드 집업에 넣는 것처럼 스트링이나 신축성이 있는 끈을 사용하기도 합니다. 끈의 두께가 다르니 끈 특성에 맞춰 끈 터널의 높이를 조정합니다. 끈은 길게 말려 있는 롤 단위로 구입하여 원하는 길이로 재단하여 사용하면 됩니다. 샘플 끈을 구입할 때는 1야드씩 구입할 수 있어요. 복주머니 파우치의 경우 양쪽으로 두 개가 들어가니, 여분 길이까지 생각하여 끈을 구입합니다.

지퍼 파우치는 메탈 지퍼, 비슬론 지퍼, 나일론 지퍼를 사용합니다. 고급스러운 느낌의 파우치를 제작할 때는 메탈 지퍼를 사용하기도 하지만 나일론 지퍼를 가장 많이 사용합니다. 나일론 지퍼는 여닫을 때 부드러워 작은 사이즈의 파우치를 만들 때 유용합니다. 지퍼는 이빨의 크기에 따라서 호수를 이야기하는데 호수가 올라갈수록 이빨의 크기가 커집니다. 디자인에 따라서 달라지지만 파우치에는 3호 지퍼를 많이 사용합니다. 지퍼의 가격은 같은 길이 기준으로 나일론 < 비슬론 <

금속 순으로 비싸집니다. 지퍼마다 길이나 장식, 마감 옵션을 추가하면 나일론 지퍼가 메탈 지퍼보다 비쌀 수도 있습니다.

작업지시서 작성

❶ 도식화

끈 길이, 폭, 라벨 위치 등 길이와 봉제 정보도 함께 표기합니다.

❷❸ 원단 및 사이즈

원단에는 품명(종류), 색상, 폭, 요척 등의 정보를 작성하고 사이즈에는 가로, 세로 길이를 표기합니다. 만약 밑면이 있는 디자인이라면 바닥 폭도 함께 표기해 주세요. 끈의 길이는 완성 길이를 기준으로 표시해도 되고 직접 만들어서 재단 길이를 알고 있다면 재단 길이도 써주면 좋습니다. 완성 기준, 재단 기준처럼 기준점을 함께 기입해 주세요.

❹ 부자재

끈 파우치에 들어가는 부자재는 대부분 스트링(끈)과 라벨인데요. 컬러 별로 스트링의 컬러를 다르게 쓴다면 이 부분에 정보를 잘 표기해야 합니다. 예시에서는 몸판 원단을 랍빠로 뽑아서 제감을 사용한 경우이기에 부자재에 따로 표기하지 않았습니다.

❺ 나염

이미지의 크기와 인쇄 위치 등의 정보를 표기해줍니다.

❻ 작업 주의 사항

라벨 부착 위치나 봉제 방법 등 도식화에 표기하지 못한 정보가 있다면 기록해 줍니다.

작업지시서

브랜드명:	제품명: 파우치	발주일:
담당자:	총 수량: 150개	납기일:

❶

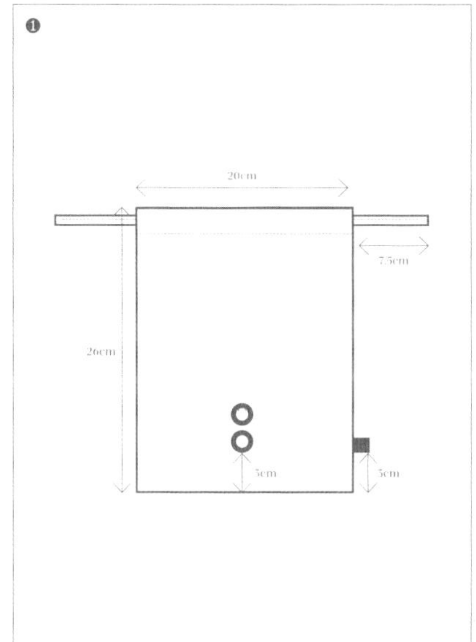

❷ 원단

품명	거즈 20수
색상	아이보리
폭	62인치
요척	0.25

❸ 사이즈

	가로	세로	끈 길이(재단 길이)		
F	20	26	55cm		

❹ 부자재

라벨	반접이 라벨

❺ 나염

시안	8
색상	검정 1도
크기	가로 4cm, 세로 2cm
위치	아래에서 3cm 띄우고 중앙

❻ 작업 주의 사항

* 파우치 오른쪽 옆면 밑에서 3cm 위에 부착해 주세요.
* 끈은 제원단을 폭 1cm 랍빠로 쭉 뽑아서 사용해 주세요.

샘플 제작

샘플은 봉제 방법이나 사이즈가 제대로 구현되었는지 확인하기 위해서 만듭니다. 실험적인 디자인을 만들고 싶다면 샘플실을 찾아가 몇 번이고 샘플을 만들 수 있지만 한 번 더 만들 때마다 비용이 추가됩니다. 봉제공장에서는 일반적으로 한 차례 샘플 작업을 진행한 후, 발주에 들어가는 것이 기본인데요. 추가 샘플 작업이 필요하다면 공장과 상의해서 추가 샘플을 제작하기도 합니다. 주거래 공장인 경우 샘플 비용을 청구하지 않기도 하지만 처음 찾아가는 경우에는 서로에게 신뢰가 쌓이기 전이니 샘플 비용을 지불할 때도 있습니다. 샘플 작업만 하고 발주를 넣지 않는 경우가 많아져 샘플 비용이 점차 생기는 추세입니다.

끈 파우치는 샘플 작업 후에 끈의 종류를 변경할 수 있습니다. 맨 마지막에 끈을 끼우기 때문에 완성된 샘플에서 끈 변경이 가능하답니다.

제품 생산

샘플에서 수정 사항이 있는지를 체크하고, 수정 사항이 있다면 작업지시서에 기록해 문서화합니다. 공장에서는 한 번에 여러 가지 작업하는 경우가 대부분이기 때문에 구두로 설명을 하면 누락이 되는 경우가 많습니다. 원하는 대로 제품을 완성하려면 포스트잇을 부착하거나, 빨간 글씨로 적는 등 눈에 띄게 볼 수 있는 방법으로 문구를 잘 적어야 합니다.

원단과 부자재를 발주할 때는 3~5% 정도의 여분을 두고 발주를 하는 게 좋습니다. 원단이 불량이거나 제작을 하다가 자수, 나염, 봉제로 인한 불량품이 나오면 주문한 수량보다 적게 완제품을 받을 수도 있게 됩니다.

검품 및 포장

공장에 제작 문의를 할 때는 포장까지 하는지, 완성된 제품만 받는지 논의를 하고 작업에 착수하게 됩니다. 포장 비용까지 포함한 공임을 주고 포장이 된 상태로 받으면 편리하게 제품을 관리할 수 있다는 장점이 있죠. 수량이 많아서 직접 포장을 하기 힘들거나, 홍보용 물품일 때 공장에서 포장까지 작업하는 경우도 많습니다. 반면, 개인 브랜드를 운영하는 이들은 포장을 직접 하는 경우도 많아요. 지퍼백이나 크라프트지 등 자신만의 감성으로 포장을 하고 싶은 경우, 직접 실크스크린이나 후반 작업을 할 때 등에는 완제품 상태로 제품을 받은 뒤에 직접 포장을 하면 됩니다.

teeezip
teeezip

KINFOLK
PRINT

√

코스터

테이블 웨어 제품 기획

테이블 웨어는 주로 면, 방수 원단으로 제작하는 제품인데요. 면 원단으로 만들면 음식을 흘렸을 때 오염되지만 물세탁을 해서 다시 사용할 수 있는 장점이 있고, 방수 원단은 오염되지는 않지만 뜨거운 냄비를 올려두면 코팅이 손상될 수 있습니다. 테이블 웨어는 규격화된 사이즈가 없으니 테이블의 크기나 자주 사용하는 식기 크기를 고려하여 제품의 사이즈를 선택합니다. 기획 단계에서 원단과 사이즈 외에 아트워크, 라벨 등으로 포인트 되는 요소를 함께 생각하면 좋습니다.

코스터

코스터는 테이블 위의 포인트 소품으로 활용할 수 있어서 패턴이 있는 원단을 사용하는 경우가 많습니다. 크기가 작아서 화려한 색감을 사용해도 부담스럽지 않아요. 두꺼운 원단을 사용한다면 테두리를 말아박아서 한 겹으로 만들 수 있고, 반으로 접어 두 겹으로 만들 수 있습니다. 두 겹으로 제작할 때는 양면에 다른 원단을 사용하거나 아트워크를 다르게 작업하여 두 가지 느낌으로 제작하기도 합니다.

테이블 매트

테이블 매트는 식사할 때 위에 깔아놓는 용도로 사용하므로 음식을 흘렸을 때 오염되는 것을 방지하기 위해 방수 처리가 된 소재를 많이 사용합니다. 50×40cm, 45×30cm 등 가로가 긴 형태로 만듭니다.

테이블보

전체적인 식탁의 분위기를 좌우하는 테이블보는 패턴이나 색감에 비중을 두고 디자인합니다. 2인용, 4인용, 6인용 등 테이블의 크기에 맞춰서 제작하며, 원형 테이블보는 주로 정사각형의 비율로 제작합니다.

앞치마

앞치마는 물기 흡수가 잘 되는 면, 리넨, 데님 등의 소재를 사용할 수 있지만 너무 무거운 소재를 사용하면 목이나 어깨에 부담이 갈 수 있는 점도 고려하면 좋습니다. 앞치마는 단추로 잠그는 디자인, 끈으로 묶는 디자인, 주머니가 있는 디자인 등이 있으며, 무릎보다 올라가도록 길이로 제작하면 활동성이 좋아집니다.

코스터는 컵에서 흐르는 물을 흡수하는 역할을 하기에 물기 흡수가 잘 되는 면과 리넨 소재를 자주 사용합니다. 물 흡수를 돕기 위해 안쪽 면에 얇은 솜을 넣기도 합니다.

~~~ 라벨

코스터에는 반접이 라벨을 테두리에 끼워 넣는 방법과 양접이 라벨을 부착하는 방법이 있습니다.

- 반접이 라벨: 반접이 라벨은 말 그대로 반이 접힌 채로 후가공이 된 라벨을 말합니다. 양쪽 면 모두 인쇄할 수 있고 한쪽 면에만 로고를 인쇄할 수도 있죠. 코스터나 테이블 매트를 마감할 때 끝부분을 말아박기한다면 반접이 라벨을 끼워 넣어서 함께 봉제할 수 있습니다.
- 양접이 라벨: 양접이 라벨은 양쪽 끝을 꺾어서 접은 라벨입니다. 양쪽 끝이 꺾인 날개 부분을 달아주거나, 사방을 모두 박음질하는 방법이 있습니다. 양접이는 좌우, 위아래가 있어서 접혀 있는 쪽으로 기준으로 봉제합니다. 반접이 라벨은 절개선이나 말아박기하는 부분에 끼워 넣었다면, 양접이 라벨은 제품 표면 위에 박음질로 부착합니다.
~~~

반접이 라벨

양접이 라벨

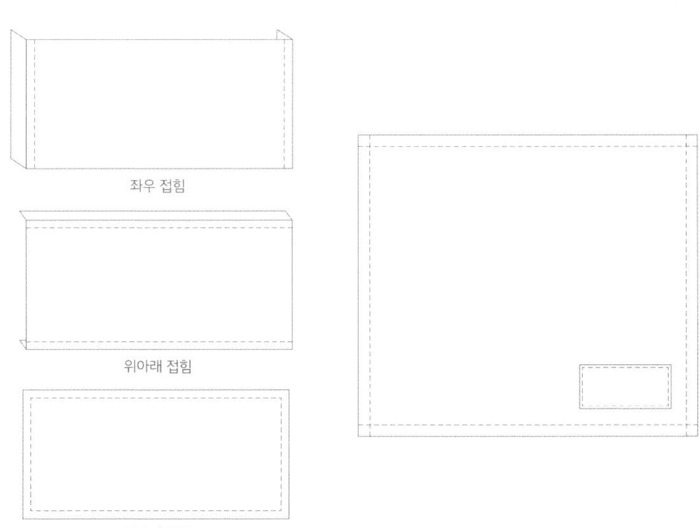

작업지시서 작성

❶ 도식화

제품의 사이즈와 봉제선을 함께 표기합니다. 봉제선을 그림으로 표현하기 어려울 땐 '말아박기'처럼 봉제 방법을 글자로 표기해도 됩니다. 라벨을 넣을 때는 부착할 위치를 도식에 표기하는 것이 좋습니다.

❷ 원단

원단의 종류, 색상, 폭, 요척 등의 정보를 기재합니다. 패턴이 있는 원단을 사용할 경우 원단의 방향을 표시해 주면 좋습니다.

❸ 사이즈

제품의 완성 사이즈를 표기합니다.

❹ 부자재

제작에 필요한 부자재 정보를 기재합니다. 라벨의 종류가 여러 가지인 경우는 각각 표기해 주세요.

❺ 작업 주의 사항

봉제 방법, 라벨의 부착 위치 등 작업자가 제작 시 주의해야 할 점을 표기해 주세요.

작업지시서

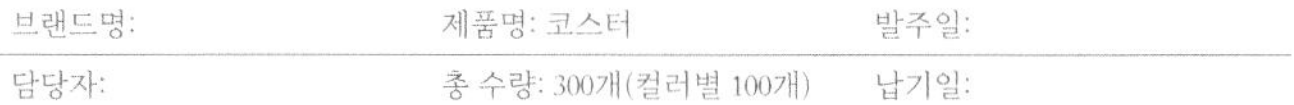

브랜드명:	제품명: 코스터	발주일:
담당자:	총 수량: 300개(컬러별 100개)	납기일:

❶

❷ 원단

품명	스트라이프
색상	블랙/핑크
폭	62인치
요척	0.1

❸ 사이즈

	가로	세로
F	13	10

❹ 부자재

라벨	반접이 라벨 1개 -시접 1cm
	뒷면 오른쪽 하단 1cm 띄우고 부착

❺ 작업 주의 사항

* 사방 말아박기, 시접 너비 1cm로 잡아주세요.
* 라벨은 긴 가로쪽 뒷면에 부착,
오른쪽 끝에서 1cm 띄워주세요.

샘플 제작

코스터 샘플을 만들기 위해 원단은 1야드만 구매해도 충분한 양의 샘플을 만들 수 있습니다. 0.5야드(반 마)만 구입이 가능하다면 그 정도로도 충분합니다. 코스터는 제작 방법이 간단하기 때문에 봉제공장에서 바로 샘플을 만들어 볼 수 있는 확률이 높습니다.

제품 생산

원단과 부자재를 필요한 만큼 구입해서 공장에 보내줍니다. 라벨을 부착하는 방법, 테두리를 마감하는 방법 등 주의할 내용이 있다면 작업지시서에 잘 보이도록 표기합니다.

검품 및 포장

작업지시서를 토대로 사이즈와 수량, 마감 방법을 확인하고 코스터의 경우 정사각형 형태로 많이 제작하기 때문에 수평, 수직이 맞는지도 확인합니다.

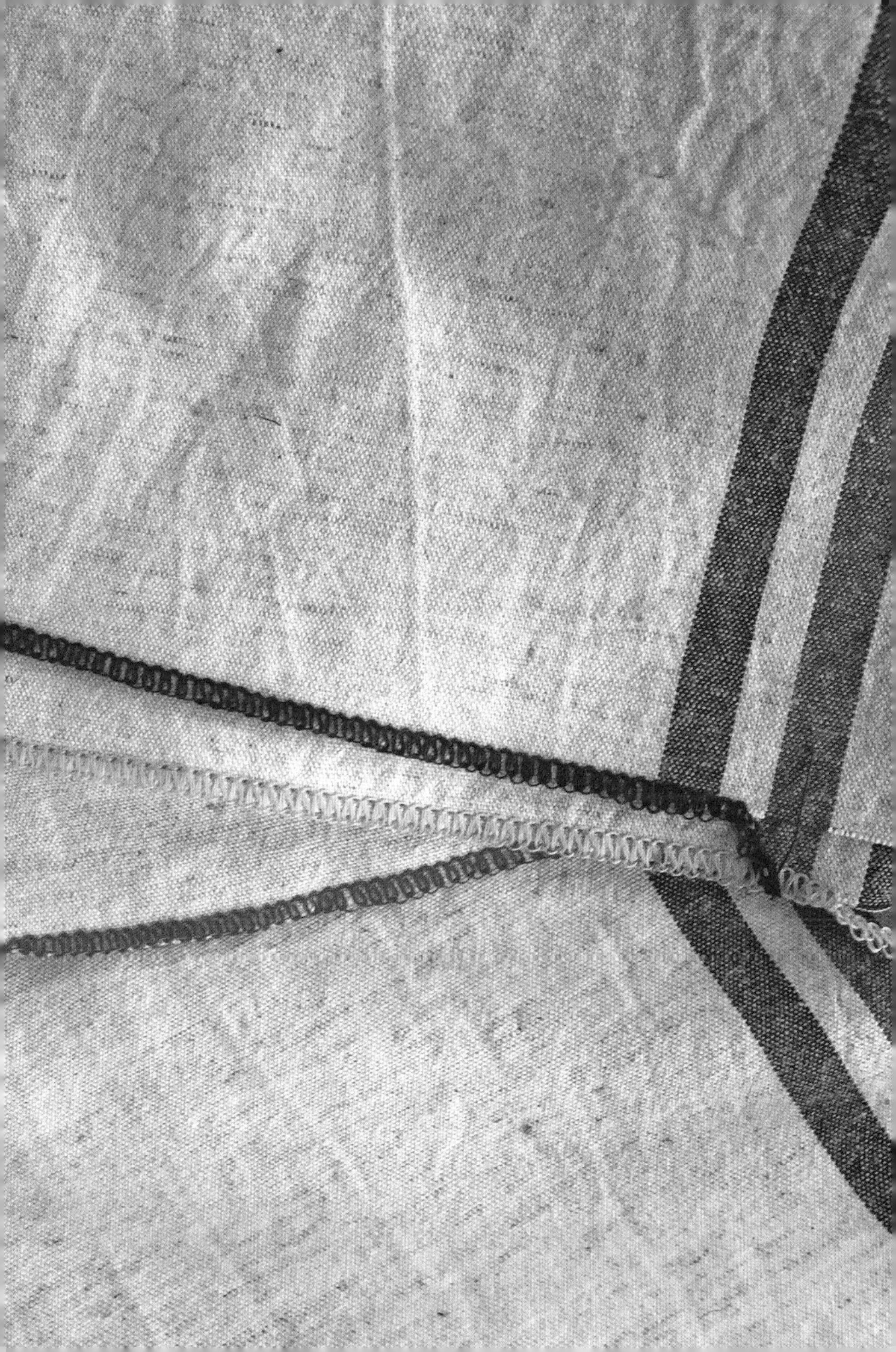

Coff
ee.
Te
a.
joce
GRAND WEDDING TEA
Black tea
www.TWGTea.com

√

패브릭 포스터

제품 기획

패브릭 포스터는 천에 그림, 사진, 달력 등을 인쇄한 것으로 인테리어 소품으로 사용하기 좋은 아이템입니다. 패브릭 포스터에는 나염, 자수 등의 아트워크 또는 실크스크린으로 그림을 그리기도 합니다. 원단 소재의 재질과 마감 방법에 따라 각양각색의 분위기를 연출할 수 있습니다.

봉제 방법

패브릭 포스터에 많이 사용하는 봉제 방법은 크게 네 가지로 데끼, 인터로크, 오버로크, 말아박기가 주로 사용됩니다.

~~~ 데끼(재단 상태 그대로)

원단의 끝을 잘라둔 상태 그대로 두는 것을 '데끼'라고 합니다. 빈티지한 느낌을 연출하기 위해 원단의 올이 풀리는 느낌을 주고 싶을 때 데끼로 작업합니다.

~~~ 인터로크(인터록)

테두리를 촘촘하게 마감할 때 사용하는 봉제 방법으로 현장에서는 날라리를 친다고 표현하기도 합니다. 손수건 등에 많이 사용하는 마감입니다.

~~~ 오버로크(오버록)

오버로크는 바늘 하나를 사용할 때와 두 개를 사용할 때 마감되는 모양이 다릅니다. 미싱의 세팅을 변경하면 촘촘함이나 모양을 다르게 만들 수 있습니다.

~~~ 말아박기(미스마끼)

원단의 끝부분을 말아서 박는 봉제 방법입니다. 말아박는 폭은 넓게 박을 수도 있고 얇게 박을 수도 있습니다. 특별히 원하는 폭 사이즈가 있다면 작업지시서 "○○의 폭으로 말아박아주세요"라고 표기해 주세요.

고정 방법

패브릭 포스터는 벽에 부착하여 사용하는 제품으로 벽에 쉽게 부착하기 위한 장치를 만들 수 있습니다.

~~~~ 고리형

양쪽 상단에 작은 고리를 하나씩 부착하여 끈을 걸거나 못에 걸 수 있도록 하는 방법입니다.

~~~~ 막대형

상단에 나무 막대가 지나갈 수 있는 터널을 만드는 방법입니다.

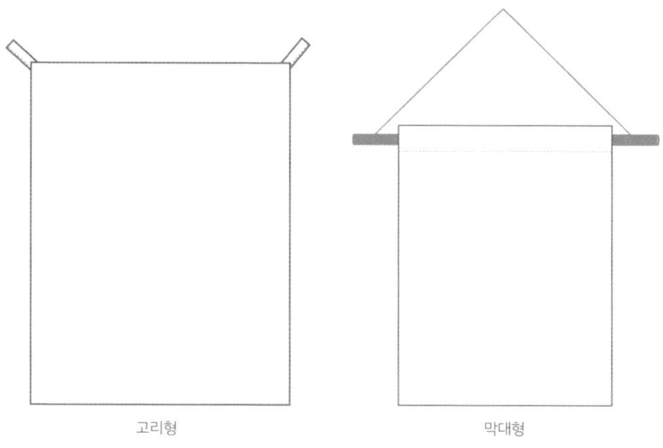

원단 및 부자재

벽에 부착하는 제품 특성상 가벼운 소재를 사용하는 것이 좋으며, 가리는 용도로 많이 사용하기에 비치지 않는 두께감으로 만드는 것을 추천합니다. 형광, 표백 처리를 하지 않은 자연 가공한 원단인 광목을 패브릭 포스터에 사용하면 좋습니다. 광목은 연한 누런빛을 띠며 자세히 보면 목화씨가 검은색 점처럼 콕콕 박혀 있는 것이 특징입니다.

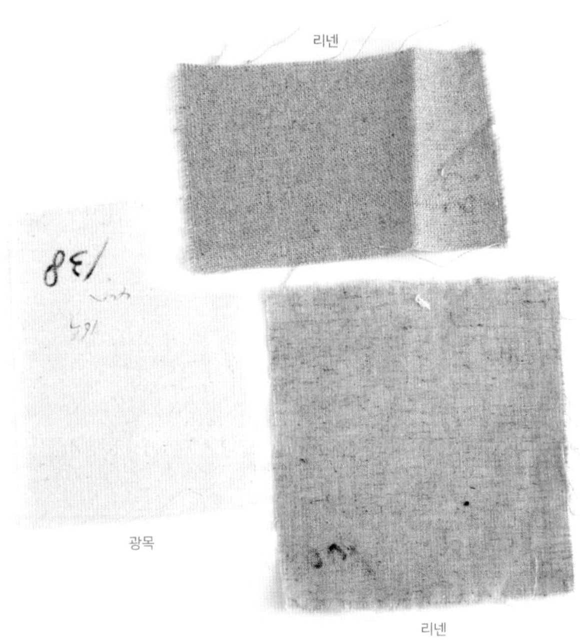

Sometimes, little things can make feel better.
combinelayers

나염

패브릭 포스터에서 나염을 찍을 때는 중심을 맞추어 자리를 잡는 것이 중요합니다. 단순히 천의 중앙에 맞춰서 찍는 것이 아니라 무게중심을 의식해서 자리를 잡아야 하는 거죠. 이미지 상 가로와 세로를 중앙정렬을 했더라도 이미지가 틀어질 수 있으니 무게중심을 고려해야 합니다. 공장에서는 가이드로만 작업할 뿐 이미지의 정렬이 맞는지는 따로 판단해주지 않기에 샘플을 보고 나서 수정 사항이 있으면 반드시 나염공장에 공유해야 합니다.

작업지시서 작성

❶ 도식화

제품의 전체 이미지와 함께 나염의 위치도 끝 지점에서 몇 센티미터가 떨어지는지 함께 표기해 주면 공장에서 한눈에 알아보기 좋습니다.

❷ 원단

원단의 종류, 색상, 폭, 요척 등의 정보를 기재합니다. 컬러가 다양할 때는 컬러별로 스와치를 붙여주면 됩니다.

❸ 사이즈

패브릭 포스터는 전체 가로, 세로 사이즈를 표기합니다.

❹ 나염

시안, 컬러, 크기, 위치 정보를 표기합니다. 원하는 색상이 있을 땐 팬톤 컬러 등의 컬러 값을 기록해 두기도 합니다.

❺ 작업 주의 사항

예시에서는 인터로크 작업이 안 되면 비슷한 마감 방법이 가능하고, 포인트 차원에서 나염과 실 컬러를 통일한다고 표기했습니다. 이러한 추가 유의 사항을 기재하면 됩니다.

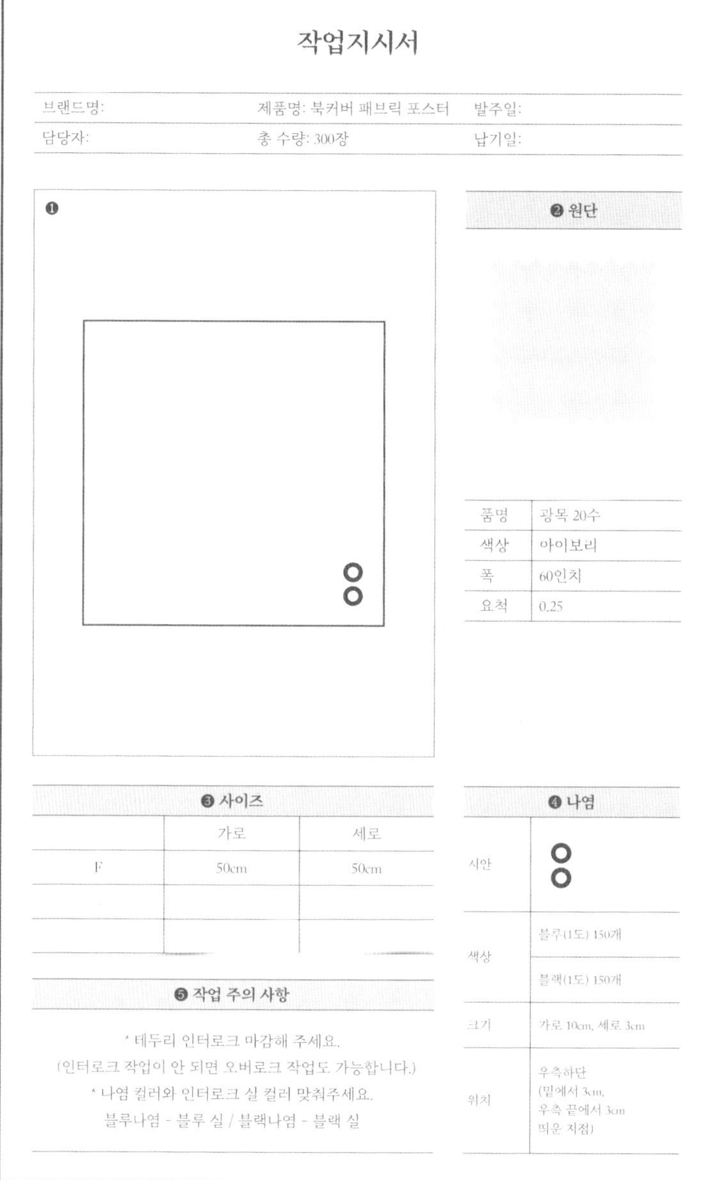

작업지시서

브랜드명:	제품명: 북커버 패브릭 포스터	발주일:
담당자:	총 수량: 300장	납기일:

❶

❷ 원단

품명	광목 20수
색상	아이보리
폭	60인치
요척	0.25

❸ 사이즈

	가로	세로
F	50cm	50cm

❹ 나염

시안	
색상	블루(1도) 150개
	블랙(1도) 150개
크기	가로 10cm, 세로 3cm
위치	우측하단 (밑에서 3cm, 우측 끝에서 3cm 띄운 지점)

❺ 작업 주의 사항

* 테두리 인터로크 마감해 주세요.
(인터로크 작업이 안 되면 오버로크 작업도 가능합니다.)
* 나염 컬러와 인터로크 실 컬러 맞춰주세요.
블루나염 - 블루 실 / 블랙나염 - 블랙 실

샘플 제작

패브릭 포스터 샘플을 제작하기 위해서는 1야드의 원단을 준비합니다. 만약 제품의 길이가 길다면 크기에 맞춰서 필요한 양만큼 구입하면 됩니다. 가로, 세로의 길이와 테두리 마감 방법을 체크하며 샘플을 제작합니다. 샘플이 나오면 벽에 부착이 되는지 확인합니다. 사이즈가 너무 크거나 원단의 중량이 무겁다면 소재나 사이즈를 변경해야 할 수도 있습니다.

제품 생산

아트워크의 위치와 색상, 포스터의 사이즈, 시점 등의 위치를 한 번 더 확인한 후 제품 생산을 진행합니다. 샘플에 아트워크의 위치가 정확히 표시되었는지 확인하고, 작업지시서에 수정 사항을 기록하여 전달합니다.

검품 및 포장

제품이 완성되었다고 공장에서 연락을 받으면 납품받은 후에 제품 검수를 진행합니다. 패브릭 포스터는 크기가 커서 접어서 포장하는 경우가 많습니다. 접었을 때 사이즈를 기준으로 포장지를 구매하고, 접히는 자국을 최소화하기 위해 얇은 종이를 덧대어 접기도 합니다.

Let's cook. It might be bring us some pleasure.

overcome
with us
overcome
with us

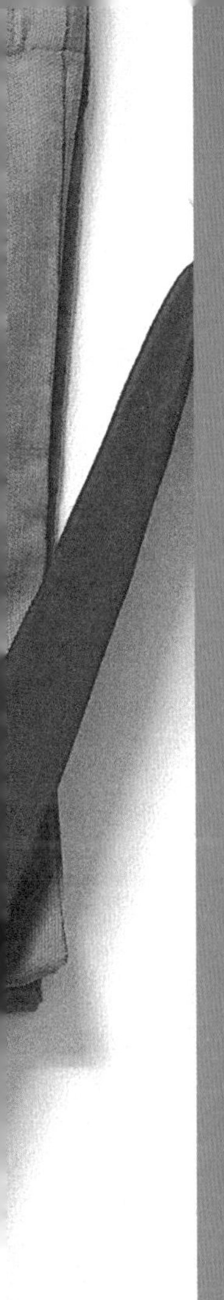

패브릭 제작자에게 묻습니다

봉제공장에 방문할 때, 지켜야 사항이 있을까요?

공장에서 잘 알아들을 수 있도록 업무 지시를 하는 게 가장 중요합니다. 말로만 전달하면 안 되고 항상 글로 자료를 만들어 넘겨줘야 해요. 공장에서 작업지시 내용을 정확하게 알아들었는지 확인이 필요해요. 늘 정확한 커뮤니케이션이 있어야 합니다. 무엇보다 상호 거래하는 관계에서 신뢰가 가장 중요하죠.

봉제공장은 언제 찾아가면 좋은가요? 공장의 시즌 일정, 즉 언제가 가장 물량이 많고 바쁜 시기인지 궁금합니다.

판매자가 언제부터 제품을 판매할 것인지 가장 중요합니다. 본인이 판매할 시즌의 약 한 달 전부터 제품을 생산하는 게 가장 좋아요. 빨리 만들어 팔아서 물량을 회전시켜야 하는데, 공장이 바쁠 때 안 만들고, 안 바쁠 때만 만들 수는 없잖아요. 물론 봉제공장은 환절기 때 바쁜 게 일반적이긴 합니다. 환절기에 생산하고 한여름, 한겨울에는 만들어둔 제품을 중점적으로 판매해야 하는 시기라고 봐야 합니다.

봉제공장에 원부자재는 어느 정도를 제공해야 할까요? 원단만 넣어줘도 되나요? 실까지 다 넣어줘야 하나요?

상황마다 다르긴 한데요. 공장과 어떻게 논의하는지에 따라 다릅니다. 원단만 넣어주고 부자재를 공장에서 사서 쓰는 CMT로 진행하는 경우가 있고, 임가공으로만 진행할 땐 실까지 다 넣어줘야 하는 경우도 있습니다. 부자재를 포함하는지 아닌지 등의 세부 내용에 따라 공임이 달라집니다.

일반적인 공임이라는 범위 안에 포함된 내용은 무엇인가요?

공임은 말 그대로 공장 내부에서 직접 일하는 몫을 포함합니다. 재단, 봉제, 완성까지가 공임이고 그 외의 외부 공장에서 이루어지는 것 프린트, 자수 등은 공임에 포함된 게 아니죠.

봉제공장에 원단과 부자재를 보내줄 때, 여유분으로 5% 정도를 더 넣어줘야 한다는데, 왜 그런 건가요?

봉제하다 보면 불량품이 나옵니다. 미싱을 잘못해서 나오기도 하지만, 원단 자체가 불량인 경우도 있어요. 그러다 보니 실질적으로 4~5% 정도는 추가로 넣어줘야 필요한 수량만큼 안전하게 제작할 수 있습니다.

제품을 기획할 때 가장 먼저 하는 일이 무엇인가요?

시장조사를 가장 중요하게 생각해서 종종 편집숍에 들어가서 제품을 많이 봐요. 트렌드에 민감한 곳이라 그런지 신제품의 동향을 알 수 있거든요.

소재나 색감, 나염 프린트 등의 디자인 요소는 어디서 영감을 얻나요?

트렌드 리포트 같은 자료를 봐요. 저는 주로 가방을 만들고 있는데요. 가방에 적용할만한 컬러 톤이나 패턴 같은 부분을 유심히 봅니다. 배색이나 포인트 컬러 연출 등을 참고하고 색감의 영감을 받기 위해서 인테리어 자료도 많이 찾아보는 편이에요. '이렇게 연출하니 생각보다 배색이 괜찮네?'라고 생각하는 포인트들이 인테리어에 많이 있더라고요.

판매가를 먼저 정하나요, 아니면 생산 단가를 먼저 정하나요?

저는 판매 가격을 먼저 정해요. 사전 조사를 하면 다른 제품들 가격이 나와 있잖아요. 예를 들어 '이 정도 사이즈에 이 정도 소재를 쓰면 2만 원 중후반대에서 가격이 형성되어 있구나'라고 본다면, 그

판매 가격대에서 합당한 소재를 찾게 되죠. 비싼 소재를 쓰는 게 마냥 좋지는 않다고 생각해요. 에코백은 소모품이라서 5년, 10년 쓰지는 않잖아요. 세탁하다 보면 닳기도 하니까요. 적당한 판매 가격대에 적절한 소재를 쓰는 게 더 좋다고 생각해요.

원단을 잘 고르는 팁이나 노하우가 있나요?

새로운 소재를 찾을 때는 원단 시장을 거의 다 돌아봐요. 그렇다고 스와치를 가게마다 가져오지는 않아요. 샘플을 무작위로 가져오는 것은 초보자가 가장 많이 하는 실수인데요. 너무 많이 가져오면 오히려 선택하는 데 어려움을 겪어요. 일단 소재를 만져보고 최대한 내가 원했던 느낌과 맞는 스와치를 골라서 가져온 후 전부 펼쳐두고 소재와 가격대별로 분류해요. 면이랑 폴리가 섞였는지 면 100%인지 등 소재별로 분류하고 가격대별로 정리하다 보면 어느 정도 윤곽이 나옵니다. 생각했던 가격 범위 내의 원단이 있는지 찾아보고 고르는 편이에요. 그리고 자주 쓰는 소재는 주로 거래하던 곳과 계속 거래를 하면 아무래도 조금 할인되는 게 있으니까 주거래 가게를 만드는 게 좋죠.

작업지시서를 잘 쓰는 노하우가 있나요?

저는 작업지시서를 봤을 때 "이게 뭐지?"라는 말이 나오면 안 된다고 생각해요. 다시 설명해야 하는 일이 생기지 않도록 꼼꼼하게 쓰려고 합니다. 사이즈와 소재, 컬러, 수량 같은 기본적인 정보들은 정확하게 쓰고, 복잡한 디테일 부분이 있다면 자세하지는 않더라도 손 그림이나 참고 이미지를 첨부하면 제작하시는 분이 이해하는 데 도움이 되니까요. '상호 이해'에 중점을 두고 작업지시서를 쓰려고 노력하고 있어요.

~~~ 공장에 발주하면 작업지시서대로 제품이 잘 나오는 편인가요?

대부분 잘 나오는 편이긴 한데, 아무래도 나염이나 자수 같은 디자인 요소가 들어가면 공장과 서로 의견 차이가 날 수는 있어요. 원하는 컬러가 나올 수 있도록 커뮤니케이션해야 하죠.

~~~ 나염공장에서는 조색으로 원하는 컬러 값을 만들잖아요. 샘플과 본 작업 때 나염 컬러가 다르게 나오기도 하는데, 이럴 때는 어떻게 해결하나요?

원하는 색감이 잘 안 나오면 아쉽기는 하죠. 정말 완전히 다른 색으로 제품이 나와서 클레임을 걸 정도가 아닌 한, 오차 범위 안에서 감안할 수 있는 부분이면 "이번 제품은 넘어가고 리오더 때는 색상 잘 맞춰주세요"라고 말씀드리고 좋게 넘어가는 경우가 많습니다. 나염공장을 정말 많이 다녀봤는데요. 공장 작업자분들이 손으로 일일이 색감을 조색하는 작업이라는 것을 알기에, 디자이너들은 실무에서 오차 범위가 있다고 인지하고 있어요. 본 작업과 샘플 작업의 컬러가 다를 수도 있다는 걸 어느 정도까지는 감안하죠. 제가 나염 염료를 직접 만들어서 작업한 적이 있었는데 조색해서 처음 찍었을 때와 2주 정도 보관하고 찍었을 때 색감이 다르게 나오더라고요. 만들어둔 똑같은 염료를 써도 나중에 찍은 게 색이 진하게 찍혔어요. 제작 과정에서 생기는 이런 오차 범위를 고려해서 서로 이해해가면서 작업하면 좋을 것 같아요.

～ 나만의 굿즈 만들기에 관심을 가지는 분들이 많은데, 굿즈를 종이로 만들 때와 천으로 만들 때 차이점이 있나요?

종이는 프린팅이잖아요. 종이는 패브릭보다 컬러에 민감해서 정확한 색감을 맞추는 게 더 힘들어요. 같은 컬러도 어떤 종이에 찍는지에 따라 다르게 나오고 찍을 때마다 환경이나 다른 요소에 따라 민감하기 때문에 색감 차이가 있을 수 있어요. 반면 패브릭은 어느 정도 예측이 가능하죠. 디지털 프린트나 전사 작업도 할 수 있어서 비용은 들지만 샘플을 볼 수 있는 장점이 있죠. 소재를 변형한다던가 더 넓은 선택지를 둘 수 있기도 하고요.

~~~ 공방에서 패브릭 굿즈 제작을 하나요?

저희 공방은 도자기뿐 아니라 라이프 영역으로 확장하려고 합니다. 도자기 만드는 사람들이 관심을 가질만한 아이템이 무엇인지 고민했죠. 그때 생각한 게 앞치마였습니다. 공방에서도 사용하고 판매할 목적으로 직접 제작하게 되었죠. 앞치마부터 시작한 패브릭 굿즈가 코스터나 테이블 매트까지 만들게 되었습니다.

~~~ 소재를 선택할 때 고민했던 점이 있나요?

실용적인 부분을 고려했어요. 도자기를 만들 때 손에 물기가 있으면 앞치마에 급하게 닦기도 하는데, 물기 흡수가 잘 되면서도 구김이 덜 가는 소재를 사용하려고 했죠.

~~~ 디자인은 어디에 중점을 두었나요?

기본에 충실한 디자인을 만들고 싶었습니다. 그래도 너무 지루한 제품을 만들고 싶지는 않았어요. 디자인 자체가 복잡하지는 않아도 특별한 포인트가 있다고 좋겠다고 생각했습니다. 전체적으로 색감을 통일하면서도 주머니 색을 다르게 한다든가, 끈 색을 다르게 하거나 스티치에 컬러를 주는 등 작은 디테일에서 변화를 주고 싶었습니다. 구매자들 중에서도 이렇게 신경 써서 만든 포인트를 좋아해 주는 분들이 있는데 그럴 때 만들기 잘했다는 생각이 듭니다.

제작하면서 어려웠던 점이 있었나요?

샘플링을 여러 번 하는 과정을 너무 쉽게 생각했던 것 같아요. 원단과 디자인만 정하면 금방 만들어진다고 생각했는데, 샘플을 만들고 나면 패턴도 다듬어야 하고 원단 테스트도 하다 보니 생각보다 기간이 오래 걸렸어요. 처음에는 앞치마를 변형해서 가방 형태로도 사용할 디자인을 시도하고 싶었지만, 만들다 보니 과한 디자인으로 보이면서 이상과 현실의 차이를 점점 줄여나가게 되었죠. 제품 중 테이블보를 조금 더 크게 만들어보고 싶었는데, 테이블보는 원단이 차지하는 비중이 크잖아요. 동대문시장에서 제가 찾는 원단을 물어보니 제가 원하는 직접 만들어야 된다고 하더라고요. 기능적 요소를 다 넣고 직조하려면 물량이 대량 주문만 가능하고요. 제가 그 부분은 미처 생각하지 못했던 거죠.

앞으로 더 만들어보고 싶은 굿즈가 있나요?

큰 사이즈로 된 테이블보와 가방이요. 다른 곳에서 쉽게 살 수 없는 독특한 제품을 만들고 싶습니다. 처음에는 누구나 좋아할 만한 디자인을 제작했지만, 앞으로는 좀 더 공방의 스타일이 드러나는 제품을 만들어보고 싶어요.

~~~ 패브릭 포스터를 제작하기 전에 고민했던 점이 있나요?

제작 방식, 마감 방법, 소재 등 여러 가지를 고민했죠. 처음에는 무지 천 위에 직접 실크스크린으로 작업하려고 했어요. 똑같은 실크스크린인데도 제가 찍는 것과 공장에서 찍은 제품과 느낌이 좀 다르더라고요. 나염공장에서 찍은 건 수작업이라기보다 딱 인쇄된 느낌이 있었어요. 그래서 엄청 고민했습니다. 만들고 싶은 사이즈가 크고 집에서 도저히 찍을 수가 없어서 제작을 맡기게 되었어요. 마감 방법도 고민을 많이 했어요. 오버로크는 조금 지저분하게 느껴졌고, 인터로크가 깔끔하게 마무리되어 좋았는데, 인터로크 작업이 되는 공장을 찾는 게 쉽지 않더라고요. 결국 좀 더 깔끔한 사방 말아박기로 작업했습니다.

~~~ 소재를 선택할 때는 어땠어요?

패브릭 포스터는 홈 인테리어로 많이 사용하기 때문에 벽에 핀을 꽂는 대신 테이프로 고정되는 제품을 선호합니다. 그래서 마스킹 테이프로도 붙일 수 있는 원단을 찾았는데, 제가 찾은 20수 원단이 생각보다 두껍더라고요. 캔버스백을 만들었을 때보다 훨씬 얇다고 생각했는데도 패브릭 포스터로 사용하기엔 20수 원단은 두꺼웠습니다. 얇은 원단이라도 마스킹 테이프로는 원단을 고정하는 데 한계가 있고, 독특한 원단의 질감이나 테두리를 말아박기하면서 생기는 두께감을 포기할 수 없어서 핀으로 고정하는 방식으로만 제작했습니다.

광목 원단도 있는데 왜 하얀색을 고르셨어요?

모르겠어요. 저도 사실 그게 되게 의아해요(웃음). 광목 원단이 더 싸고 가볍지만 같은 하얀색이라도 원단마다 재질이 조금씩 다르잖아요. 원단의 질감을 만져보면서 독특하고 고급스러운 소재를 골랐습니다. 그리고 흰색 바탕에는 여러 색이 들어가도 조화롭기도 하고요.

제작 사이즈는 어떻게 고려했나요?

제가 제작한 사이즈는 64×64cm로 조금 커요. 벽에 포인트로 붙이기에도 좋고, 두꺼비집 가리는 용도로 붙여도 좋습니다. 어차피 벽에 붙이는 것이니 존재감이 드러나도록 만들고 싶었어요.

앞으로 만들고 싶은 디자인의 패브릭 포스터가 있나요?

제가 찍은 사진을 디지털 프린트해서 만들어보고 싶어요. 테두리 마감은 조금 자연스럽게 올이 풀리는 디자인으로요. 큰 액자는 답답해 보이지만 패브릭 포스터는 가지고 있는 질감 자체가 부드럽고 포근하니 어디에 두어도 좋겠다는 생각이 듭니다.

잠옷에서 주로 사용하는 소재는 무엇인가요?

면 100% 위주로 사용합니다. 시중에서 면이 아닌 실크나 폴리에스터도 많이 사용하는데요. 그래도 잠옷은 살에 닿기 때문에 가능하면 면이나 레이온 같은 천연섬유를 사용하려고 합니다.

원단은 어디서 구매하시나요? 원단 시장을 거치지 않고 공장과 직거래 하면 물량이 많아야 하죠?

원단은 수입해서 들여오기도 하고, 대구에서 직조하는 것도 있고, 서울에서 제작하기도 합니다. 원단공장에서 직조하면 당연히 원가를 낮출 수는 있지만 처음 제작하시는 분들은 공장을 거래처로 만들기 어려울 거예요. 기본 한 색깔당 최소 1,000야드는 되어야 거래가 가능합니다. 제작을 많이 해본 뒤에 공장에서 직조하는 게 안전하기도 하고요.

초도 물량은 어느 정도로 만드나요?

보통 한두 절 단위로 생산하는데 한 가지 색깔에 한 사이즈당 50~100장 정도입니다. 하나당 50장씩 사이즈 두 개에 두 가지 색깔로 만들면 초도 물량이 200장이 되겠죠. 그다음은 절 단위로 재생산합니다.

잠옷은 보통 몇 가지 사이즈로 제작하나요?

남녀 공용은 총 네 가지 사이즈(90, 95, 100, 105)로 만들고, 여자 옷만 만들 때는 Free 사이즈만 만들거나 두 가지 사이즈(X, XL)로 만들기도 합니다. 잠옷은 딱 맞게 입는 옷은 아니기에 약간 크거나 작아도 괜찮아서 사이즈 하나만 제작하기도 합니다.

생산한 제품은 어디서 판매하세요?

동대문, 남대문, 전국으로 판매해요. 샘플이 나오면 전국의 확보된 거래처로 한 장씩 샘플을 보냅니다. 거래처에서 마음에 들면 오더를 하고 아니면 반품을 합니다.

도매 판매 가격은 어떻게 정하나요?

원단 + 공임 + 마진으로 가격을 정하죠. 도매상에 넘기고 나면 최종 소비자가는 관여하지 않아요.

도매로 판매할 때는 몇 장씩 판매하세요?

한 장이라도 팔죠. 아무리 작은 거래처라도 무시하지 않아요. 작은 사람이 커질 수도 있는 거고 큰 사람이 망할 수도 있는 거예요. 그리고 일단 내 손님은 항상 웃으면서 나가야 한다는 게 저의 지론입니다. 오늘 거래처에서 20장만 별도로 큰 사이즈로 만들어달라고 연락이 왔는데 사실 마진만 생각하면 당연히 안 한다고 해야 해요. 소량 직입이 귀찮고 오히려 손해가 날 수도 있으니까요. 그런데도 만들어준다고 했어요. 이익보다는 거래처의 입장을 생각한다는 마음으로요. 그래서 그런지 한 번 거래한 사람은 자기들이 먼저 거래를 끊겠다고 하는 경우는 단 한 번도 없었어요.

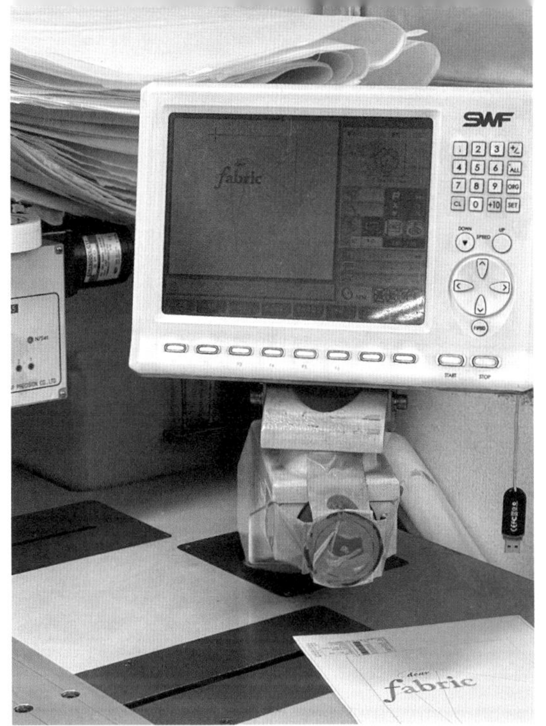
SWF
dear fabric
START
STOP
dear fabric

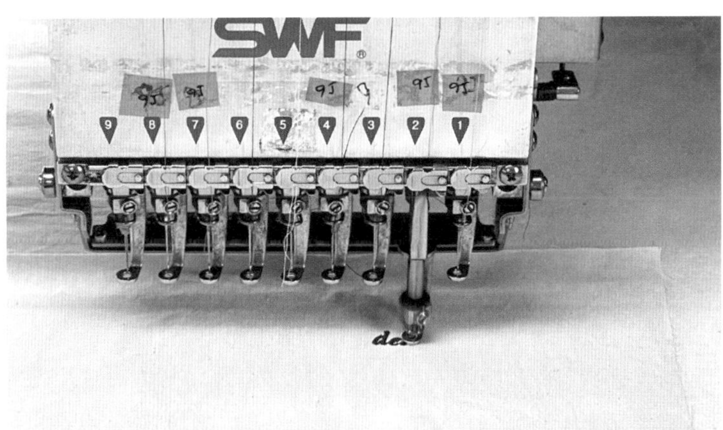
SWF
9 8 7 6 5 4 3 2 1

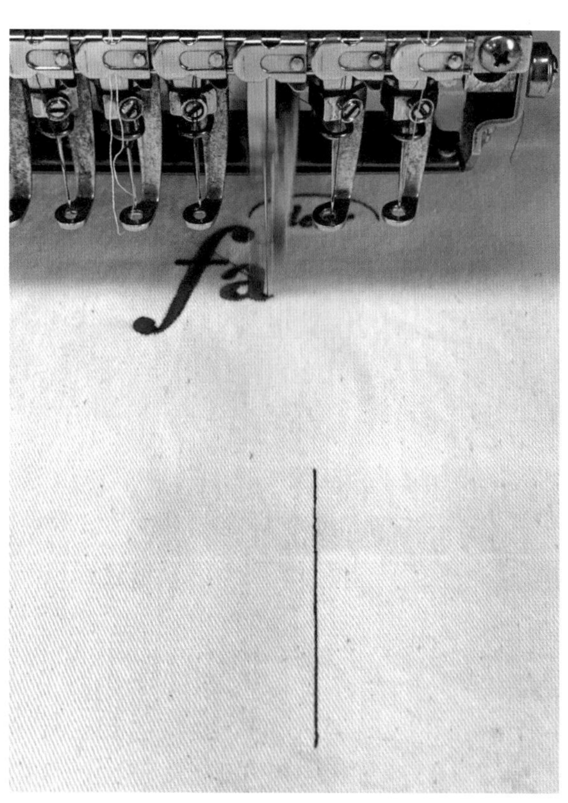
fa

dear
fabric

디어 패브릭

프로세스를 이해하며 만드는 패브릭 굿즈 제작 가이드

초판 1쇄 인쇄 2021년 4월 16일
초판 1쇄 발행 2021년 4월 26일

지은이 임은애
펴낸이 이준경
편집장 이찬희
총괄부장 강혜정
편집 김아영, 이가람
디자인팀장 정미정
디자인 정명희, 김정현
마케팅 정재은
펴낸곳 지콜론북

출판등록 2011년 1월 6일 제406-2011-000003호
주소 경기도 파주시 문발로 242 3층
전화 031-955-4955
팩스 031-955-4959
홈페이지 www.gcolon.co.kr
트위터 @g_colon
페이스북 /gcolonbook
인스타그램 @g_colonbook

ISBN 979-11-91059-08-3 13580
값 17,000원